高职高专"十一五"精品规划教材

计算机应用基础

(Windows XP与Office 2003)

主编 许桃香 白荷芳 王 辉

中国水利水电出版社
www.waterpub.com.cn

内 容 提 要

本书由多名从事计算机教学的高校教师以及高职、中专教师，根据多年的教学经验，针对国内各高职和中专学校的需求，结合高职、高专院校学生的培养特点编写而成。编写过程中注重内容的先进性、实用性和针对性，主要内容包括：计算机基础知识、Windows XP、Word 2003、Excel 2003、PowerPoint 2003 的使用，计算机网络与基础、Internet 的使用以及常用工具软件的使用等。

本书注重计算机领域最新知识的介绍，内容全面翔实、讲解深入浅出，既可作为高职、高专院校计算机课程的教材，也可作为各类中职学校、函授大学教材，还可作为全国计算机等级考试的参考用书和各类培训人员的培训教材。

图书在版编目（CIP）数据

计算机应用基础：Windows XP 与 Office 2003/许桃香，白荷芳，王辉主编．—北京：中国水利水电出版社，2009
高职高专"十一五"精品规划教材
ISBN 978 - 7 - 5084 - 6469 - 5

Ⅰ．计… Ⅱ．①许…②白…③王… Ⅲ．①窗口软件，Windows XP -高等学校：技术学校-教材②办公室-自动化-应用软件，Office 2003 -高等学校：技术学校-教材 Ⅳ．TP3

中国版本图书馆 CIP 数据核字（2009）第 056733 号

书　　名	高职高专"十一五"精品规划教材 **计算机应用基础（Windows XP 与 Office 2003）**	
作　　者	主编　许桃香　白荷芳　王辉	
出版发行	中国水利水电出版社 （北京市海淀区玉渊潭南路 1 号 D 座　100038） 网址：www. waterpub. com. cn E - mail：sales@ waterpub. com. cn 电话：（010）68367658（营销中心）	
经　　售	北京科水图书销售中心（零售） 电话：（010）88383994、63202643 全国各地新华书店和相关出版物销售网点	
排　　版	中国水利水电出版社微机排版中心	
印　　刷	北京市兴怀印刷厂	
规　　格	184mm×260mm　16 开本　15.75 印张　373 千字	
版　　次	2009 年 6 月第 1 版　2009 年 6 月第 1 次印刷	
印　　数	0001—5000 册	
定　　价	**26.00 元**	

编 委 会

前　言

　　针对国内高职和中专学校的教学需求，结合高职、高专院校学生的培养特点，我们在广泛参考国内相关教材的基础上，组织编写了《计算机应用基础（Windows XP 与 Office 2003）》。为了弥补学生动手能力的不足，加强计算机实践操作技能的培养，我们又特意组织编写了本书的配套教材《计算机应用基础实验指导（Windows XP 与 Office 2003）》，为学生提供上机实验指导，通过进一步强化计算机基础知识和基本操作，来提高学生的应用能力和自学能力。

　　本书采用先进的教学模式，从传统的"以教师为中心"变为"教师指导下的学生为主体"的教学模式，通过上机实践来增强学生对教学活动的参与热情，调动和启发学生的学习主动性。在实验内容的安排上遵从"任务（事件）驱动"教学法，以具体的实例作为引导，以任务带动操作，循序渐进，逐步展开，指导学生即学即用。

　　本教材的主要特点是：

　　（1）教学内容丰富　　教材基于目前微型计算机上广泛使用的 Windows XP 操作平台，涵盖了计算机基础知识，Windows XP 基本操作，Word、Excel、PowerPoint 办公软件的应用和计算机网络应用等。

　　（2）教学重点突出　　本书以基础知识和基本应用为主，重点突出计算机基本操作和计算机网络应用，将计算机基础知识的学习与基本技能的训练有机地结合起来，进一步培养学生的动手能力。

　　（3）注重实践应用　　本书以实例引路，图解引导，使学生在理解计算机基本工作原理的基础上，掌握利用计算机进行信息收集、分析、处理、应用的实践技能。

　　（4）习题全面，精讲多练　　本书中每一章均配有多种形式的习题，全面覆盖了本章知识点，便于教学使用和加强学生的综合应用能力和创新精神的培养。

　　本书在编写过程中，力求语言通俗易懂、内容丰富、重点突出、实用性强，既注重方便教师教学，又注重学生自学。在本书的编写过程中，得到了许多同行的支持和帮助，在此深表谢意。由于作者水平、时间的限制，书中难免有遗漏和不当之处，恳请读者批评指正。

编　者

2009 年 3 月 20 日

目　录

第1章 计算机基础知识

本章主要介绍计算机的发展、分类与应用领域，计算机系统基本组成，微型计算机系统及主要技术指标，字符、汉字在计算机中的表示，计算机的病毒及其防治等内容。

学习目标	
学习目标	● 了解计算机的发展、分类和应用领域
	● 熟悉计算机系统软硬件结构
	● 熟练掌握十进制与二进制之间的转换
	● 掌握十六进制和二进制之间的转换
	● 了解字符、汉字在计算机中的表示方法
	● 了解计算机的病毒及其防治

1.1 计算机概述

电子计算机是一种能够存储程序和数据、自动执行程序、快速而高效地完成对各种数字化信息处理的电子设备。它具有运算速度快，计算精度高，可靠性好，记忆和逻辑判断能力强，存储容量大等特点。

▶ 1.1.1 电子计算机的发展简史

世界上公认的第一台电子计算机于 1946 年在美国宾夕法尼亚大学研制成功，名称为 "ENIAC（Electronic Numerical Interator And Calculator）"，即电子数字积分计算机，如图 1.1-1 所示。ENIAC 计算机采用十进制运算，共用了 18000 多个电子管，1500 多个继电器，重量约 30 吨，占地面积为 170 平方米，功耗达 150 千瓦，运算速度为每秒 5000 多次加法运算。它的出现标志着计算工具进入一个崭新的电子计算机时代，是人类文明发展史中的一个里程碑。

由于 ENIAC 计算机的程序仍然是外加式的，存储容量太小，尚未完全具备现代

图 1.1-1 第一台电子计算机 ENIAC

计算机的主要特征。1946 年 6 月美籍匈牙利科学家冯·诺依曼教授提出了"存储程序"和"程序控制"的概念，并设计出第一台"存储程序式"计算机 EDVAC，即"离散变量自动电子计算机(The Electronic Discrete Variable Automatic Computer)"。EDVAC 与 ENIAC 相比有了重大改进：采用二进制 0、1 模拟开关电路通、断两种状态，用于表示数据或计算机指令；把指令存储在计算机内部，且能自动依次执行指令；奠定了当代计算机硬件由控制器、运算器、存储器、输入设备、输出设备等组成的体系结构。此体系结构后来成为了影响计算机系统结构发展的重要里程碑，因此后来人们将具备 EDAVC 组成结构的计算机称为冯·诺依曼型结构计算机。

自从电子计算机问世以来，从使用的器件角度来说，计算机的发展大致经历了五代的变化。

1）第一代 为 1946 年开始的电子管计算机。计算机运行速度一般为每秒几千次至几万次，内存容量仅几 KB，体积庞大，成本很高，可靠性较低。在此期间，形成了计算机的基本体系，确定了程序设计的基本方法，"数据处理机"开始得到应用。

2）第二代 为 1958 年开始的晶体管电子计算机。运行速度提高到每秒几万次至几十万次，内存容量扩大到几十 KB，体积缩小，成本降低，可靠性提高。这个阶段开始使用高级程序设计语言，"工业控制机"开始得到应用。

3）第三代 为 1965 年开始的中小规模集成电路计算机。运行速度提高到每秒几十万次至几百万次，成本进一步降低，可靠性进一步提高，体积进一步缩小，"小型计算机"开始出现。软件也逐渐完善，高级程序设计语言在这个时期有了很大发展，并出现了操作系统。

4）第四代 为 1971 年开始的大规模和超大规模集成电路计算机。存储器由集成度高的半导体存储器代替了以往使用长达 20 年之久的磁芯存储器，运行速度提高到每秒几百万次至几千万次，体积更小，价格更低，可靠性更高。出现了分时、实时数据处理和网络操作系统，"微型计算机"开始出现。计算机的发展进入了以计算机网络为特征的时代。

5）第五代 为 1986 年开始的巨大规模集成电路计算机。运行速度提高到每秒几亿次至近千亿次，体积更小，价格更低，可靠性更高。由一片巨大规模集成电路实现的"单片计算机"开始出现。

总之，从电子计算机诞生以来，在冯·诺依曼型结构的基础上，围绕如何提高速度、扩大存储容量、降低成本、提高可靠性和方便用户使用为目的，不断采用新的器件和研制新的软件，计算机技术得到了突飞猛进的发展。

▶ 1.1.2 计算机的发展趋势

计算机的发展趋势表现为两个方面：一是巨型化、微型化、多媒体化、网络化、智能化五种趋向；二是朝着非冯·诺依曼型结构模式发展。

1. 计算机的发展趋向

1）巨型化 是指速度快、容量大、并行计算处理功能强的巨型计算机系统。目前正在开发每秒 1000 万亿次浮点运算的超级计算机。

2）微型化 是指价格低、体积小、可靠性高、使用灵活方便、用途广泛的微型计算机系统。计算机的微型化是当前研究计算机最明显、最广泛的发展趋向，目前便携式计算机、笔记本计算机都已逐步普及。

3）**多媒体化** 是指以数字技术为核心的图像、声音和计算机、通信等融为一体的信息环境，使人们利用计算机以接近自然方式交换信息。

4）**网络化** 由于计算机网络和分布式系统能为信息处理提供廉价的服务，因此计算机系统的进一步发展，将"三网合一"进入以通信为中心的体系结构。

5）**智能化** 是指具有"听觉"、"视觉"、"嗅觉"和"触觉"，甚至具有"情感"等感知能力和推理、联想、学习等思维功能的计算机系统。

2. 未来的计算机

第一代计算机到第五代计算机代表了计算机的过去和现在，随着科学技术的发展，计算机系统结构将突破传统的冯·诺依曼机器的概念，实现高度的并行处理。目前正在研究中的计算机有神经网络计算机、生物计算机、量子计算机和光学计算机等。

1）**神经网络计算机** 具有智能特性，能模拟人的逻辑思维、记忆、推理、设计、分析、决策等智能活动，人、机之间有自然通信能力。近10年来，日本、美国以及西欧等国家大力投入对人工神经网络的研究，并取得了很大进展。

2）**生物计算机** 1994年11月美国首次公布对生物计算机的研究成果，生物计算机使用生物芯片，如图1.1-2所示。生物芯片是由生物工程技术产生的蛋白分子为主要原材料的芯片，具有巨大的存储能力和高速的运算速度以及模拟人类大脑的功能。

3）**量子计算机** 21世纪初，科学家根据量子力学理论，在研制量子计算机的道路上取得了新的突破。所谓量子计算机，是指利用处于多现实态下的原子进行运算的计算机。由于量子粒子的多态性，使量子计算机能够采用更为丰富的信息单位，从而可以大大加快运算速度。

4）**光学计算机** 是利用光作为信息的传输媒

图1.1-2 可作为新型高速计算机
的集成电路的生物芯片

体。与电子相比，光子具有许多独特的优点：它的速度永远等于光速、光线交汇时也不会互相干扰等。光学计算机的智能水平也将超过电子计算机的智能水平，光学计算机的并行处理能力非常强，具有超高速的运算速度，是人们梦寐以求的理想计算机。

▶ 1.1.3 计算机的分类

按计算机的规模划分，计算机可以分为巨型机、大型机、中型机、小型机、工作站和微型机等。"规模"主要是指计算机所配置的设备数量、输入输出量、存储量和处理速度等多方面的综合规模能力。

1）**巨型机** 也称为超级计算机，有极高的速度、极大的容量，结构复杂，价格昂贵，主要用于大型计算任务，如天气预报、分子模型和密码破译等。如图1.1-3所示IBM研制的"蓝色基因/L"超级计算机，由64台机架组成，运算速度达到280.6TFlops。

2）大型机、中型机　具有通用性强、综合数据处理能力强、性能较高等特点。通常由许多中央处理器协同工作，具有超大的内存，海量的存储器。主要用于大银行、大公司、规模较大的高校和科研院所。

3）小型机　规模小、结构简单、设计周期较短，便于及时采用先进工艺和先进技术。这类机器可靠性较高，对运行环境要求相对较低，易于操作且便于维护。

4）工作站　是一种高档微型计算机系统，它具有大型、中型、小型机的多任务、多用户能力，又兼有微型机的操作便利和良好的人机界面，可连接多种输入/输出设备，具有很强的图形交互处理能力及很强的网络功能。

图 1.1-3　超级计算机"蓝色基因/L"

5）微型机　具有技术先进、小巧灵活、通用性强、价格低、省电等优点，是发展速度最快的一类计算机，一般单位和家庭使用的大多是微型计算机。如图 1.1-4 所示台式机、笔记本等都属于微型计算机。

图 1.1-4　微型计算机

▶ 1.1.4　计算机的主要应用领域

计算机的应用十分广泛，目前已渗透到人类社会的各个领域，国防、科技、工业、农业、商业、交通运输、文化教育、政府部门、服务行业等各行各业都在广泛地应用计算机解决各种实际问题。归纳起来，目前计算机主要应用在以下几个方面：

1）科学计算　早期的计算机主要用于科学计算。目前，科学计算仍然是计算机应用的一个重要领域。如高能物理、工程设计、地震预测、气象预报、航天技术等。例如，人造卫星轨迹的计算，火箭、宇宙飞船的研究设计都离不开计算机的精确计算。

2）自动控制　是指通过计算机对某一过程进行自动操作，它不需人工干预，能按人预定的目标和预定的状态进行过程控制。过程控制是指对操作数据进行实时采集、检测、处理和判断，按最佳值进行调节的过程。过程控制目前广泛用于国防和航空航天领域及工业企业生产中，例如，无人驾驶飞机、导弹、人造卫星和宇宙飞船等飞行器的控制，钢铁企业、石油化工业、医药工业等生产中的控制。

3）信息管理 是目前计算机应用最广泛的一个领域。利用计算机来加工、管理与操作任何形式的数据资料，如企业管理、物资管理、报表统计、账目计算、信息情报检索等。近年来，国内许多机构纷纷建设自己的管理信息系统（MIS）。

4）计算机辅助系统 利用计算机进行辅助设计，可以提高设计质量和自动化程度，大大缩短设计周期、降低生产成本、节省人力物力。目前，计算机辅助系统已被广泛应用在大规模集成电路、建筑、船舶、飞机、机床等设计上。除计算机辅助设计（CAD）外，还可以利用计算机进行辅助制造（CAM）、辅助工程（CAE）、辅助教学（CAI）等。

5）人工智能方面的研究和应用 人工智能是当今计算机发展的一个趋势，是计算机应用的重要领域。如专家系统的开发、机器人的研制、模式识别的应用等。

6）网络应用 随着计算机网络发展，计算机的应用进一步深入到社会的各行各业，人们可以通过高速信息网进行数据与信息的查询浏览，实现网上通信、远程教育、电子娱乐、电子商务、远程医疗和会诊等。

1.2 计算机系统基本组成与结构

完整的计算机系统由硬件系统和软件系统两部分构成，其基本组成如图 1.2-1 所示。硬件系统是组成计算机的物理实体，它提供了计算机工作的物质基础，软件是计算机系统的知识和灵魂，两者相互支持、协同工作，相辅相成，缺一不可。

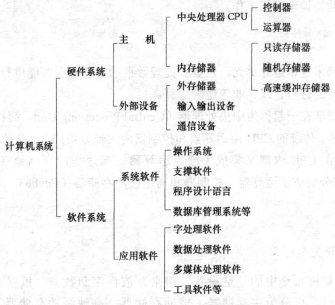

图 1.2-1　计算机系统的构成

▶ 1.2.1　计算机硬件系统

计算机硬件系统指的是计算机系统中电子、机械和光电元件组成的各种计算机部件和设备。虽然目前计算机的种类很多，其制造技术发生了极大的变化，但在基本的硬件结构方面，一直沿袭着冯·诺依曼的体系结构。冯·诺依曼体系结构的计算机硬件系统由五个部分组成：控制器、运算器、存储器、输入设备和输出设备，如图 1.2-2 所示。

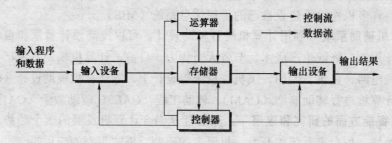

图 1.2-2　计算机基本硬件结构

图 1.2-2 中，粗线代表数据流，细线代表控制流，计算机各部件间的联系通过信息流动来实现。原始数据和程序通过输入设备送入存储器，在运算处理过程中，数据从存储器读入运算器进行运算，运算结果存入存储器，必要时再经输出设备输出。指令也以数据形式存于存储器中，运算时指令由存储器送入控制器，由控制器控制各部件协调一致地工作。

1. 控制器

控制器是计算机的神经中枢和指挥中心。它能自动逐条地从内存储器中取出指令，将指令翻译（转换）成控制信号（电脉冲），并按时间顺序和节拍，向各个部件发出控制信号，使整个计算机自动协调地进行工作。

2. 运算器

运算器也称算术逻辑运算单元，是负责处理数据的部件。它既能进行加、减、乘、除等算术运算，又能进行与、或、非等逻辑运算。

运算器和控制器在一起称为中央处理器（Central Processing Unit，简称 CPU），是计算机的核心组成部分。传统的 CPU 由运算器和控制器两大部分组成。但是随着高密度集成电路技术的发展，在 CPU 内部又集成了浮点运算器、高速缓冲存储器（Cache）等。这样 CPU 的基本部分变成了运算器、控制器和高速缓冲存储器（Cache）。

3. 存储器

（1）存储器分类

存储器是计算机系统中的记忆设备，用来存放程序和数据。根据存储器在计算机系统中所起的作用，可分为主存储器、辅助存储器、高速缓冲存储器等。

CPU 能直接访问的存储器称为内存储器，它包括高速缓冲存储器（Cache）和主存储器。CPU 不能直接访问外存储器，外存储器的信息必须调入内存储器后才能被 CPU 进行处理。存储系统的层次结构如图 1.2-3 所示。

1）高速缓冲存储器　简称 Cache，它是计算机系统中的一个高速小容量半导体存储器。在计算机中为了提高计算机的处理速度，利用 Cache 来高速存取指令和数据。和主存储器相比，它的存取速度快，但存储容量小。

2）主存储器　简称主存，是计算机系统的主要存储器，用来存放计算机运行期间的大量程序和数据。它能和 Cache 交换数据和指令。主存储器由 MOS 半导体存储器组成。主存储器的性能指标主要是存储容量、存取时间、存储周期和存储带宽。

3）外存储器　简称外存，它是大容量辅助存储器。目前主要使用磁盘存储器、光盘存储器、U 盘等存储器，它既属于输入设备，又属于输出设备。外存的特点是存储容量大、位成本低。通常用来长期存放系统程序和大型数据文件及数据库。当 CPU 需要执行某部分程序和数据时，由外存调入内存以供 CPU 访问。

以上三种类型的存储器形成计算机的多级存储管理，各级存储器承担的职能各不相同。其中 Cache 主要强调快速存取，以便使存取速度和 CPU 的运算速度相匹配；外存储器主要强调大的存储容量，以满足计算机的大容量存储要求；主存储器介于 Cache 与 CPU 之间，要求选取适当的存储容量和存取周期，使它能容纳系统核心软件和较多用户程序。

（2）数据存储单位

存储器的最小组成单位是存储元，用以存储 1 位二进制代码。由若干个具有相同操作属性的存储元组成存储单元，存储单元是访问存储器的基本单位。在存储器中用以标识每一个存储单元的编号称为单元地址，CPU 通过该编号访问相应的存储单元。由许许多多存储单元构成存储体，如图 1.2-4 所示。数据的存储单位常采用位、字节、字等来表示。

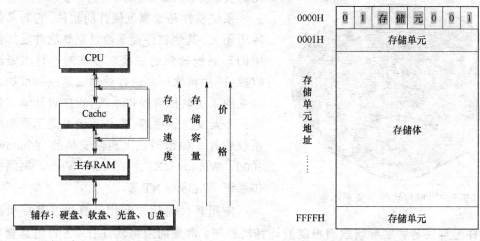

图 1.2-3　存储系统的层次结构　　　图 1.2-4　存储器结构示意图

1）位（bit，比特）　每 1 位二进制数（0 或 1）称为 1 个比特。比特是计算机中内部存储、运算、处理数据的最小单位，缩写用 b 表示。

2）字节（Byte）　一个字节由 8 个二进制位数字组成。字节是数据存储中最常用的基本单位，缩写用 B 表示，1B=8b。

3）字（Word）　字是位的组合，用来表示数据或信息的长度单位。一个字由若干个字节组成。

（3）存储容量

存储容量的单位通常用字节数（B）来表示，如 64B、512KB、256MB 等，为了表示更大的存储容量，采用 KB、MB、GB、TB 等单位，单位换算系数如下：

1KB=1024B=2^{10}B，1MB=1024KB=2^{20}B，1GB=1024MB=2^{30}B，1TB=1024GB =2^{40}B

4. 输入设备

输入设备是将人们所熟悉的某种信息形式转换为计算机能够识别和处理的内部形式，以便于处理。常见的输入设备有键盘、图形扫描仪、鼠标、卡片输入机以及模/数转换器等。

5. 输出设备

输出设备是把计算机处理的内部结果转换为人或其他机器设备所能接收和识别的信息形式。理想的输出设备应该是"会写"和"会讲"。常见的输出设备有显示器、打印机、激光印字机、数字绘图仪等。

输入/输出设备通常称为外部设备。这些外部设备种类繁多，速度各异，它们不直接和高速的主机相连接，而是通过适配器部件和主机相联系，适配器的作用相当于一个转换器。

▶ 1.2.2　计算机软件系统

从应用的观点看，软件可以分为系统软件和应用软件。系统软件、应用软件与用户之间的关系如图 1.2-5 所示。

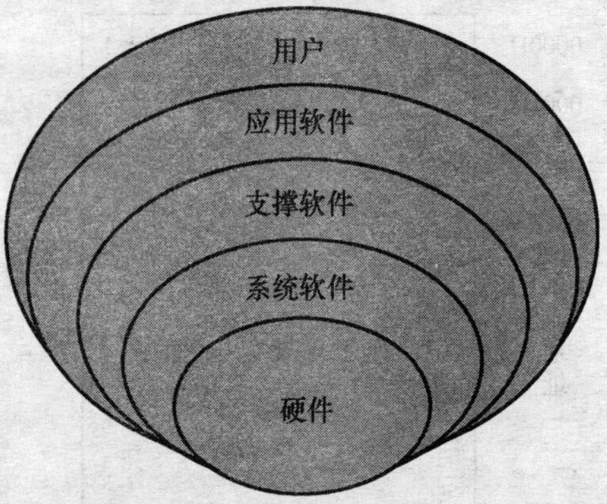

系统软件是最靠近硬件的软件，它与具体应用无关，其他软件都是通过系统软件发挥作用的。系统软件的主要功能是对计算机资源（包括硬件和软件）进行管理、监控和维护。常见的系统软件有操作系统、程序设计语言处理程序及支撑软件等。操作系统是最为重要的系统软件，如微型机上通常安装的 Windows 2000、Windows XP、Windows Vista，网络操作系统 Windows NT 等。

图 1.2-5　用户与软件的关系示意图

应用软件是用户利用计算机及其提供的系统软件为解决各种实际问题而编制的计算机程序。常见的应用软件有：各种信息管理软件、办公自动化系统、各种文字处理软件、各种辅助设计软件以及辅助教学软件等。

1. 操作系统

操作系统（OS）是为了合理、方便地利用计算机系统，而对其硬件资源和软件资源进行管理的软件。它在计算机系统中占据了特殊重要的地位，是对硬件系统功能的首次扩充，其他所有的软件如汇编程序、编译程序、数据库管理系统等系统软件以及应用软件，都将依赖于操作系统的支持，取得它的服务。

（1）操作系统的概念和功能

操作系统具有处理机管理、存储管理、设备管理、文件管理和作业管理等五大管理功能，由它来负责对计算机的全部软硬件资源进行分配、控制、调度和回收，合理地组织计算机的工作流程，使计算机系统能够协调一致、高效率地完成处理任务。

1）处理机管理　主要解决如何将 CPU 分配给各个程序，使各个程序都能够得到合理的运行安排。

2）存储管理　主要任务是内存分配、保护和扩充等。计算机运行程序必须要有一定的内存空间。当多个程序都运行时，如何分配内存空间才能最大限度地利用有限的内存空间为多个程序服务；当内存不够用时，如何利用外存，将暂时用不到的程序和数据调出到外存上去，而将急需使用的程序和数据调入到内存中来，这些都是存储管理所要解决的问题。

3）设备管理　主要任务是完成用户提出的 I/O 请求，为用户分配 I/O 设备；提高 I/O 设备的利用率和速度，方便用户使用 I/O 设备。因此设备管理主要有设备的分配、回收、调度和控制以及输入输出等操作。

4）文件管理　主要任务是对文件存储空间的分配和回收、目录管理、文件的读写管理以及文件的共享和保护等。

5）作业管理　主要任务是解决由哪个作业来使用计算机和怎样使用计算机的问题。在操作系统中，把用户请求计算机完成一项完整的工作任务称为一个作业。当有多个用户同时要求使用计算机时，允许哪些作业进入，不允许哪些进入，对于已经进入的作业应当怎样安排它的执行顺序，这些都是作业管理的任务。

（2）操作系统的类型

计算机上使用的操作系统种类很多，主要有以下几种：

1）批处理操作系统　用户要把程序、数据和作业说明一次提交给系统操作员，输入计算机，在处理过程中与外部不再交互。

2）分时操作系统　使多个用户可以通过各自的终端互不干扰地同时使用同一台计算机交互进行操作，就好像他自己独占了该台计算机一样。

3）实时操作系统　要求系统能够对输入计算机的请求，在规定的时间内作出响应。一般说这个时间是很短的，如果不能响应其后果往往是很严重的。

4）网络操作系统　把网络中各台计算机配置的各自的操作系统有机地联合起来，提供网络内各台计算机之间的通信和网络资源共享，如 UNIX、Windows NT。

5）分布式操作系统　管理分布式计算机网络系统的操作系统。分布式计算机网络系统由多个分散的处理单元，经过互连网络的连接而形成的系统，系统的处理和控制功能都分散在系统的各个处理单元上，各计算机可相互协作共同完成任务。

2. 程序设计语言

程序设计语言是人与计算机之间进行信息交换的工具。人们使用程序设计语言编写程序，计算机执行这些程序，输出结果，从而达到处理问题的目的。程序设计语言可分为机器语言、汇编语言和高级语言。

（1）机器语言

直接用二进制代码表示指令系统的语言。机器语言是早期的计算机语言，在机器语言中，每一条指令的操作码和地址码都是用二进制数表示。机器语言是计算机能唯一识别、可直接执行的语言。但用机器语言编写程序很麻烦，不容易记忆和掌握，而且它编写的程序是面向具体机器的，不能通用。

（2）汇编语言

用助记符号代替二进制代码表示指令系统的语言。指令的操作码和地址码是用助记符号表示。汇编语言比机器语言容易记忆和掌握，但其通用性仍然较差。用汇编语言编写的程序称为汇编语言源程序。机器不能直接执行汇编语言源程序，必须将汇编语言源程序翻译成机器语言（目标程序），然后再执行。

（3）高级语言

高级语言是相对独立于计算机硬件的程序设计语言，是一种与自然语言和数学语言较相近的通用编程语言。高级语言分为过程型语言和非过程型语言。过程型语言对解决问题的指令及其顺序一并描述。非过程型语言是相对于过程型来说的函数型、逻辑型、面向对象型等高级语言。目前，常用的高级语言有 C、C++、Visual Basic、JAVA 等。机器不能直接接受和执行用高级语言编写的程序（源程序）。高级语言源程序必须经过相应的翻译程序翻译成机器指令的程序（目标程序），才能被计算机理解并执行。

3. 语言处理程序

语言处理程序是把用一种程序设计语言编写的源程序转换为与之等价的目标程序的翻译程序。这种翻译通常有两种方式。

（1）解释方式

解释方式是对那些用高级语言编写的源程序逐句进行分析、翻译并立即予以执行，不产生目标程序。即由事先放入计算机中的解释程序对高级语言源程序逐条语句翻译成机器指令，翻译一句执行一句，直到程序全部翻译执行完。它具有跟踪对话能力，当用户按照屏幕上的提示更正了一个语句后，程序又继续往下执行、直到程序完全成功。但这种方式执行的速度慢，花费机器时间较多。解释执行方式如图 1.2-6 所示。

图 1.2-6　解释执行方式

（2）编译方式

编译方式是通过一种编译程序将用高级语言编写的源程序整个翻译成目标程序，然后交由计算机执行。编译方式可以划分为两个阶段：前一阶段称为生成阶段；后一阶段称为运行阶段。采用这种途径实现的翻译程序，如果源语言是一种高级语言，目标语言是某一计算机的机器语言或汇编语言，则这种翻译程序称为编译程序。如果源语言是计算机的汇编语言，目标语言是相应计算机的机器语言，则这种翻译程序称为汇编程序。采用编译方式的优点是执行的速度快，经过编译的目标程序保密性好，可以重复执行而不要重复翻译。编译执行方式如图 1.2-7 所示。

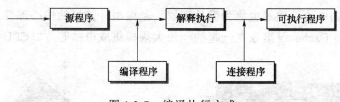

图 1.2-7　编译执行方式

4. 数据库管理系统

数据库是以一定组织方式存储起来且具有相关性数据的集合，它的数据具有冗余度小，而且独立于任何应用程序而存在，可以为多种不同的应用程序共享。数据库管理系统（DataBase Management System，简称 DBMS）是对数据库中的资源进行统一管理和控制的软件，数据库管理系统是数据库系统的核心，是进行数据处理的有力工具。目前，微型计算机中广泛使用的数据库管理系统有 SQL Server、Visual FoxPro 等。

5. 应用软件

应用软件是为解决各种实际问题而编制的应用程序及有关资料的总称。常用的应用软件有：文字处理软件 WPS、Word，电子表格软件 Excel，演示文稿制作软件 PowerPoint，图形图像处理软件 PhotoShop，动画制作软件 Flash 等。

本书第 3 章、第 4 章、第 5 章将对 Word 2003、Excel 2003、 PowerPoint 2003 等软件予以详细介绍。

1.3　微型计算机硬件构成

微型计算机系统与传统的计算机系统一样，也是由硬件系统和软件系统两大部分组成。微型计算机的硬件系统包括运算器、控制器、存储器、输入设备和输出设备五大部件。

▶ 1.3.1　微型计算机的硬件构成

微型计算机的硬件分为主机和外部设备两部分。主机是安装在主机箱内的主要部件，包括主板、中央处理器 CPU、内存储器等。外部设备有硬盘、光驱、U 盘、键盘、鼠标、扫描仪、显示器、打印机、绘图仪、音响、数码相机、数码摄像机等，还有各种外部设备适配器和网络适配器，如显卡、声卡、网卡等。

主板也称为系统板或母板，是微型计算机内最大的一块集成电路板，也是最主要的部件。主板上插有中央处理器 CPU，还有内存条的插槽、显卡、声卡、网卡等各种卡件的插槽以及各种接口，如软驱接口、IDE 硬盘接口、USB 通用串行接口、PCI 总线和键盘接口等，计算机主板如图 1.3-1 所示。

1. 中央处理器 CPU

微型计算机的中央处理器也称为微处理器，是微型计算机的核心部件，是由控制器、运算器、寄存器、Cache 等集成在一起的一块大规模集成电路芯片。CPU 外观如图 1.3-2 所示。

图 1.3-1　计算机主板　　　　　　图 1.3-2　Intel 酷睿 CPU

CPU 的主要性能指标有字长和时钟频率。字长表示 CPU 每次处理数据的能力；时钟频率主要以 MHz 或 GHz 为单位来度量，通常时钟频率越高其处理速度就越快。目前主流 CPU 频率已经发展到 3.0GHz 以上，通常所说的 Pentium Ⅳ、Intel CoreTM2 等是指 CPU 的型号。

2. 内存储器

微型计算机的内存储器由半导体器件构成。内存储器按其功能和性能可分为只读存储器 ROM、随机存储器 RAM、高速缓冲存储器 Cache。

（1）只读存储器 ROM

只读存储器 ROM 是一种只能读出不能写入的存储器，其信息通常是由 ROM 制造厂在生产时一次性写入的。其特点是切断电源后信息不会丢失，因此常用来存放重要的、经常用到的程序和数据。ROM 里面固化了一个基本输入/输出系统，称为 BIOS，其主要作用是完成对系统的加电自检、系统中各功能模块的初始化、系统基本输入/输出的驱动程序及引导操作系统。

（2）随机存储器 RAM

微型计算机使用的随机存储器 RAM 根据存储信息的原理不同,分为静态随机存储器 SRAM 和动态随机存储器 DRAM。

DRAM 容量可以扩充。常规内存、扩展内存和扩充内存都属于 DRAM。CPU 可直接存取的内存可达几百 MB 到 64GB。通常在主板上的存储器槽口插入内存条,可增加扩展内存到数 GB。内存条数量和容量取决于 CPU 的档次和系统主板的结构。内存条外观和结构如图 1.3-3 所示

图 1.3-3　内存条

SRAM 的速度较 DRAM 快 2～3 倍,但价格高,容量小,常用来作为高速缓冲存储器。

（3）高速缓冲存储器 Cache

为了缓和 CPU 与主存储器之间速度的矛盾,在 CPU 和主存储器之间设置一个缓冲性的高速存储部件 Cache,其工作速度接近 CPU 的工作速度,但其存储容量比主存储器小得多。目前 Cache 分为两种,CPU 内部 Cache 和 CPU 外部 Cache。Cache 有一级高速缓存和二级高速缓存,其容量一般是数百 KB 到 2MB,如 512KB 等。

3. 外存储器

微型计算机上目前常用的外存储器有磁盘存储器、光盘存储器和 U 盘等。磁盘存储器有硬磁盘和软磁盘两种。光盘存储器有只读型光盘 CD-ROM、只写一次型光盘 WORM、可擦写型光盘 MO 三种。

（1）磁盘存储器

磁盘存储器包括软盘存储器和硬盘存储器。

1）软盘存储器　软盘存储器由软盘、软盘驱动器和软盘适配器三部分组成。软盘驱动器是读写装置;软盘适配器是软盘驱动器与主机连接的接口。软盘适配器与软盘驱动器安装在主机箱内。

软盘是一种涂有磁性物质的聚酯薄膜圆形盘片,它被封装在一个方形的保护套中,构成一个整体。当软盘驱动器从软盘中读写数据时,软盘保护套被固定在软盘驱动器中,而封套内的盘片在驱动电机的驱动下进行旋转以便磁头进行读写操作。软盘上的写保护口主要用于保护软盘中的信息。微型计算机上常用 3.5 英寸 1.44M 高密双面软盘。软盘目前已普遍被 U 盘所取代。

2）硬盘存储器　硬盘存储器简称硬盘,是目前应用最广泛的外部存储器,存取速度较快,具有较大的存储容量。硬盘通常由硬盘机(HDD,又称硬驱)、适配器及连接电缆组成。硬盘从结构上分固定式和可换式两种。

固定式硬盘又称温盘（温切斯特磁盘），由一个或多个不可更换的盘片作为存储介质，将多个盘片固定在一根轴上，两个盘片之间仅留出安置磁头的距离，硬盘的磁头不与磁盘表面接触，它"飞"在离磁盘面百万分之一英寸的气垫上。磁道间只有百万分之几英寸的间隙，磁头传动装置必须把磁头快速而准确地移到指定的磁道上。其外观和结构如图 1.3-4 所示。

目前，硬盘的转速为 7200 转/分，新款硬盘的转速已达 15000 转/分。

微型计算机一般配置为 3.5 英寸的 160G 以上温盘。当容量不足时，可再扩充另一台硬盘。

图 1.3-4　硬盘外观图

移动式硬盘是基于 USB 接口的外置移动硬盘，支持热插拔和即插即用，满足大容量、高速存储的需要，适用于移动办公、重要数据备份和大容量文件存储场合。

硬盘容量的大小和硬驱的转速也是衡量计算机性能的技术指标之一。

3）磁盘上信息的分布　通常把磁盘片表面称为记录面，磁盘片上下两个记录面上分布有一系列同心圆称为磁道，每个磁道又分为若干个扇区，如图 1.3-5 所示。磁道的编址是从外向内依次编号，最外一个同心圆称为 0 磁道，最里面的一个同心圆称为 n 磁道。扇区的编号有多种方法，可以连续编号，也可间隔编号。

磁盘记录面经这样编址后，就可用 n 磁道 m 扇区的磁盘地址找到实际磁盘上与之相对应的记录区。除了磁道号和扇区号之外，还有记录面的面号，以说明本次处理是在哪一个记录面上。

在磁道上，信息是按扇区存放的，每个扇区中存放 512 个字节，因此读/写操作以扇区为单位一位一位串行进行。磁盘的容量即为面数、磁道数/面、扇区数/磁道和字节数/扇区之乘积。

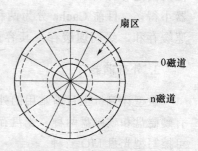

图 1.3-5　磁盘的格式

例如，3.5 英寸的高密度软磁盘有两个磁面，80 磁道数/面、18 扇区数/磁道，512 个字节数/扇区，因此它的容量为 512×2×80×18= 1.44MB。

硬盘的容量取决于硬盘的磁头数、柱面数及每个磁道扇区数。硬盘一般均有多个盘片，每个记录面都有一个读写磁头，由于所有盘片具有相同编号的磁道形成一个柱面，所以用柱面这个参数来代替磁道。每一扇区的容量为 512 个字节，硬盘容量为：512×磁头数×柱面数×每道扇区数。

4）磁盘格式化　新磁盘在使用前必须进行格式化，格式化后才能被系统识别和使用。格式化的目的是对磁盘划分磁道和扇区，同时还将磁盘分成四个区域：引导扇区（BOOT）、文件分配表（FAT）、文件目录表（FDT）和数据区。当硬盘受到破坏或更改系统时，需对硬盘进行格式化。

注意：格式化操作会清除磁盘中原有的全部数据，所以在对磁盘进行格式化操作之前一定要做好数据备份工作。

（2）光盘存储器

光盘存储器由盘片、驱动器和控制器组成。驱动器同样有读/写头、寻道定位机构、主轴驱动机构等。除了机械电子机构以外，还有光学机构。光驱的外观如图 1.3-6 所示。

光盘的存储原理不同于磁表面存储器。它是将激光聚焦成很细的激光束照射在记录媒体上，使介质发生微小的物理或化学变化，从而将信息记录下来；又根据这些变化，利用激光将光盘上记录的信息读出。光盘具有存储量大、价格低、寿命长、可靠性高的特点。

图 1.3-6　光驱外观

目前常用的光盘有 CD 和 DVD 两大类。CD 和 DVD 类型的光盘又各分为只读型光盘、只写一次型光盘、可擦写型光盘。

（3）U 盘存储器

U 盘是近年来推出的一种轻巧精致、便于携带、存储量大、安全可靠的新型可移动式大容量存储器。U 盘外观如图 1.3-7 所示。

U 盘采用 FLASH 存储技术，通过二氧化硅形状的变化来记忆数据。因为二氧化硅稳定性要大大强于磁存储介质，使得 U 盘的数据可靠性相比较传统软盘也大大提高。同时，二氧化硅还可以通过增加微小的电压改变形状，从而达到反复擦写的目的。U盘容量在数 GB，体积却只有一次性打火机大小，重量只有几十

图 1.3-7　U 盘存储器

克。由于采用的是芯片存储，因而其使用寿命在擦写 100 万次以上，且读写速度较快，读取的速度为 700～950kb/s，写的速度在 450～600kb/s。

U 盘的接口是 USB，无需外接电源，支持即插即用和热插拔。在实际使用时，把 U 盘插入电脑的 USB 端口，系统会自动侦测到新硬件，安装驱动程序后（无驱动型不需要安装驱动），系统就会生成一个"可移动磁盘"。

4. 输入设备

目前常用的输入设备是键盘、鼠标、扫描仪、数码相机、数字摄像机、触摸屏、手写笔、磁卡阅读器、条形码阅读器、模/数转换器等。

（1）键盘

键盘是标准输入设备，它与显示器一起成为人机对话的主要工具。按与计算机的连接方式分为有线键盘和无线键盘，如图 1.3-8 所示。键盘的接口形式有 USB 接口和 PS/2 接口。目前流行的键盘有手写键盘、人体工程学键盘、多媒体键盘、无线键盘和集成鼠标的键盘等。

1）键盘的布局　根据不同键字使用的频率和方便操作的原则，键盘划分为 4 个功能区：主键盘区、功能键区、编辑区和数字小键盘区，如图 1.3-9 所示。

主键盘区：主要包括 26 个英文字母键、10 个数字键、标点符号、运算符号和控制键。

如 Shift 键、Ctrl 键和 Enter 键等。控制键的作用见表 1.3-1。

图 1.3-8　有线键盘和无线键盘

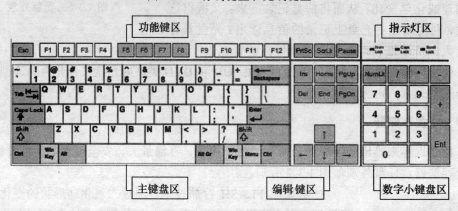

图 1.3-9　键盘布局

表 1.3-1　　　　　　　　　　　　　**主键盘区控制键的作用**

键　名	作　用
Enter	回车键，用于换行和确认
Backspace	退格键，用于删除光标前面的一个字符
Caps Lock	大小写字母锁定键，它是一个开关键
Shift	上档键，用于输入键面上面的符号和临时转换大小写
Tab	制表键，主要用于移动光标到下一个制表位
Esc	主要用于退出正在运行的软件系统
Ctrl	组合键，与其他键组合完成一定功能
Alt	组合键，与其他键组合完成一定功能

功能键区：包括 F1～F12 键，不同的软件对它们有不同的定义。

编辑键区：有上、下两组共 10 个键位，它们主要用来控制屏幕上的光标位置。各键的作用见表 1.3-2。

表 1.3-2　　　　　　　　　　　　　**编辑键区各键的作用**

键　名	作　用	键　名	作　用
向右键	右移或移动到下一行的开头	PgDn	一次下移一屏
向左键	左移或移动到前一行的结尾	Home	移动到行的开头
向上键	上移一行	End	移动到行的结尾
向下键	下移一行	Ctrl+Home	移动到第一个字符
PgUp	一次上移一屏	Ctrl+End	移动到最后一个字符

数字小键盘区：主要用于数字的输入、运算、控制光标和屏幕编辑，其中 NumLock 键为数字键盘锁定键，是一个开关键。

2）键盘的指法分布 学习打字一定要严格按照正确的指法及操作顺序进行训练。键盘的指法分布包括基准键位和各手指的分工。基准键位位于主键盘第二行，分别是 F、D、S、A 和 J、K、L、；共 8 个键。在基准键位的基础上，其他字母、数字、符号与 8 个基准键位相对应分别由不同的手指来控制。

键盘的指法分布如图 1.3-10 所示。

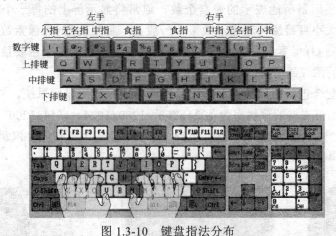

图 1.3-10 键盘指法分布

（2）鼠标

鼠标也是一种主要的输入设备。目前流行的鼠标接口有 USB、PS/2 接口，工作方式主要有光电和激光，鼠标连接方式有有线和无线。如图 1.3-11 所示。

图 1.3-11 无线光电鼠标和无线蓝牙激光鼠标

（3）扫描仪

扫描仪是常用的图形、图像等输入设备。这是一种纸面输入设备，利用它可以快速地将图形、图像、照片、文本等信息输入到计算机中，然后进行编辑。一般提供 USB 接口与主机相连。扫描仪外观如图 1.3-12 所示。

5. 输出设备

输出设备是用来输出计算结果的设备。常见

图 1.3-12 扫描仪

的输出设备有显示器、打印机、绘图仪等。

（1）显示器

显示器是标准输出设备。显示器按显示原理大体分两大类：一是阴极射线显示器（CRT）；二是液晶（LCD）显示器。CRT 显示器技术成熟，性能稳定。LCD 显示器具有工作电压低、能耗低、辐射低、无闪烁、体积小、环保等优点，目前已普遍使用。CRT 和 LCD 显示器外观如图 1.3-13 所示。

分辨率是指显示器所能表示的像素个数。通常将显示屏上的每一个亮点称为一个像素，像素光点的大小直接影响着显示效果。一般说，每屏的列×行像素数越大就越清晰。所以也把每屏的列×行像素数称为分辨率。分辨率是显示器的一个主要技术指标，显示分辨率越高，显示的图像越清晰。

显示器必须配合正确的显示控制适配器才能构成完整的显示系统。SVGA（高级视频图形阵列适配器）可支持的分辨率为 1024×768、1280×1024、1644×1200、1920×1200 的显示器，可以显示 256 种颜色，有的还具有 16.7M 种彩色的"真彩色"识别功能。显示控制适配器如图 1.3-14 所示。

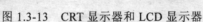

图 1.3-13　CRT 显示器和 LCD 显示器　　　　图 1.3-14　显示控制适配器

（2）打印机

打印机是一种常用的输出设备，打印机按印字的工作原理可以分为击打式和非击打式两种。常见的打印机有针式打印机、喷墨打印机、激光打印机等。打印机与主机之间通过打印适配器连接。

针式打印机是击打式打印机，由打印机械装置和控制驱动电路两部分组成。针式打印头由若干排成一列（或两列）的打印针组成。击打时打印针通过色带打印到打印纸上，于是在打印纸上印出一个点。打印头从左到右移动，每次打印一列。每列击哪些针不击哪些针是由计算机发出的电信号控制的。常用的有 LQ-1600K、AR-3240 等 24 针打印机。

喷墨打印机是靠墨水通过精细的喷头喷到纸面上产生图像。它是一种非击打式打印机。喷墨打印机精度较高，噪声小，价格较低，但消耗品价格较高。常见的有惠普（HP）和佳能（Canon）喷墨打印机。

激光打印机是一种高速度、高精度、低噪声的非击打式打印机。它由激光扫描系统、电子照相系统和控制系统三部分组成。它的工作原理类似于静电复印，不同的是静电复印采用全色可见光曝光，而激光打印机则是用经过计算机输出的信息调制后的激光曝光。激光打印机外部形状如图 1.3-15 所示，常见的有惠普（HP）激光打印机和佳能（Canon）激光打印机等。激光打印机较针式打印机精度高得多，但价格相应也高。

（3）绘图仪

绘图仪是一种输出图形的硬拷贝设备。绘图仪在绘图软件的支持下绘制出复杂、精确的图形，是各种计算机辅助设计（CAD）不可缺少的工具。

绘图仪有笔式、喷墨式和发光二极管（LED）三类。目前使用最为广泛的是笔式绘图仪。笔式绘图仪常见的有平板型和滚动型两种。平板型是绘图纸平铺在绘图板上，依靠笔架的二维运动来绘制图形。滚动型依靠笔架的左右移动和滚动带动图纸前后滚动画出图形。绘图仪的外观如图 1.3-16 所示。

绘图仪的性能指标主要有：绘图笔数、图纸尺寸、分辨率、接口形式和绘图语言等。

图 1.3-15　激光打印机

图 1.3-16　绘图仪

6. 其他外部设备

除以上外部设备外，计算机还可连接其他外部设备，如声卡、网卡、调制解调器、音箱、耳麦、数码产品等。

（1）声卡

声卡是计算机的必备设置之一，用于采集和播放声音。目前比较流行的一款 PCI 声卡如图 1.3-17 所示。

（2）网卡

网卡也称网络适配器，是局域网连接中最基本的部件之一。它是连接计算机和网络的硬件设备，需安装在主板的扩展槽中，提供的接口与网线连接，其外观如图 1.3-18 所示。

图 1.3-17　声卡

图 1.3-18　网卡

目前常用的网卡是以太网网卡，按其传输速度来分可分为 10M 网卡、10/100M 自适应网卡以及千兆（1000M）网卡。

（3）调制解调器

调制解调器（Modem），是计算机与电话线之间进行信号转换的装置，由调制器和解调器两部分组成。调制器是把计算机的数字信号（如文件等）调制成可在电话线上传输的声音信号的装置，在接收端，解调器再把声音信号转换成计算机能接收的数字信号。通过调制解调器和电话线就可以实现计算机之间的数据通信。

目前调制解调器主要有两种：内置式和外置式，如图 1.3-19 所示。

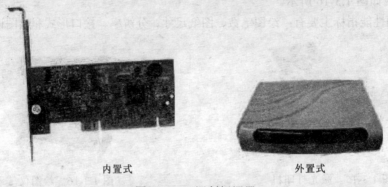

内置式　　　　　　　　　　　　　　　外置式

图 1.3-19　调制解调器

（4）数码产品

数码产品有数码录音笔、数码摄像机和数码相机等，如图 1.3-20 所示。

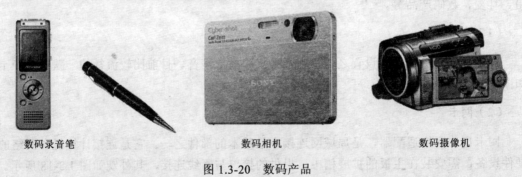

数码录音笔　　　　　　　　　　数码相机　　　　　　　　　　数码摄像机

图 1.3-20　数码产品

▶ 1.3.2　微型计算机系统主要性能指标

1）字长　字长是计算机的一个重要技术指标。一般把数据总线所包含的二进制位数称为字长，也就是计算机能够作为一个整体进行传输、存储和运算的二进制数的位数。位数较长的计算机的算术运算可以有更高的精度，在相同时间内能处理、传送更多数据，有更大地址空间，能支持数量更多、功能更强的指令。

2）主频　是指 CPU 时钟发生器所产生的节拍脉冲的工作频率，其单位是 GHz。主频越高计算机运算速度越快。

3）运算速度　可以用每秒钟能执行的指令的多少来表示，常用的单位有 MIPs（每秒百万条指令），运算快慢与微处理器的时钟频率紧密相关。

4）存储容量　在一个存储器中可以容纳的存储单元总数。存储容量越大，能存储的信息就越多。

5）存储时间和存取周期　存取时间是指从一次读操作命令发出到该操作完成，将数据读入 CPU 为止所经过的时间，即为存储器的访问时间，单位为 ns。存储周期是指连续启动两次读操作所需间隔的最小时间，单位为 ns。

6）可靠性　指在给定时间内计算机系统能正常运转的概率，通常用平均无故障时间表示。无故障时间越长表明系统的可靠性越高。

7）可维护性　指计算机的维修效率。通常用平均修复时间来表示。

此外，如性能价格比、兼容性、系统完整性、安全性等也是评价计算机的综合指标。

1.4　计算机中信息的表示

▶ 1.4.1　数制及其转换

一切可以被计算机存储、加工处理和传送的对象都可以称为数据，包括数字、字符、声音、图形和图像等。计算机内的任何信息都必须采用二进制编码形式才能被计算机进行存储、处理和传输。计算机内部的数据编码形式有数值数据的编码和非数值数据的编码两类。一串二进制数既可表示数值信息，也可表示字符、汉字或声音、图像等多媒体信息。

1. 进位计数制

按进位的原则进行计数，称为进位计数制，简称"数制"。日常生活中常用十进制计数，即逢十进一。计算机中采用二进制，主要原因是由于电路设计简单、运算简单、工作可靠、逻辑性强。有时为表示方便，也常用八进制和十六进制。表 1.4-1 是十进制和二进制、八进制、十六进制的表示方法。其中 i=0，1，2，…，n 为数位的编号，表示数的某一数位。

表 1.4-1　　　　　　　　常用进制的表示方法

数　制	十 进 制	二 进 制	八 进 制	十 六 进 制
数字符号	0～9	0，1	0～7	0～9，A，B，C，D，E，F
规则	逢十进一	逢二进一	逢八进一	逢十六进一
基数	R=10	R=2	R=8	R=16
位权	10^i	2^i	8^i	16^i
表示形式	D	B	O	H

不论是哪一种数制，其计数和运算都有共同的规律和特点。

（1）基数

基数是指某种数制中计数符号的总个数。例如，十进制数用 0、1、2、3、4、5、6、7、8、9 共 10 个不同的符号来表示数值，因此十进制的基数 R 为 10。二进制数用 0、1 共 2 个不同的符号来表示数值，因此二进制的基数 R 为 2。

（2）位权表示法

位权是指一个数字在某个固定位置上所代表的值，处在不同位置上的数字符号所代表的值不同，每个数字的位置决定了位权。而位权与基数的关系是：各进位制中位权的值是基数的若干次幂，即权值为 R^n，其中 R 为基数，n 为位序号。位序号是以小数点为界，整数自右向左 0、1、2、…，小数自左向右 -1、-2、…。因此用任何一种数制表示的数都可以写成按位权展开的多项式之和。

$$(a_n \cdots a_1 a_0. a_{-1} \cdots a_{-m})_R$$
$$=a_n \times R^n + a_{n-1} \times R^{n-1} + \cdots + a_1 \times R^1 + a_0 \times R^0 + a_{-1} \times R^{-1} + a_{-2} \times R^{-2} + \cdots + a_{-m} \times R^{-m}$$

如：

$$(1011.01)_2 = 1 \times 2^3 + 0 \times 2^2 + 1 \times 2^1 + 1 \times 2^0 + 0 \times 2^{-1} + 1 \times 2^{-2}$$
$$(B19.DF)_{16} = B \times 16^2 + 1 \times 16^1 + 9 \times 16^0 + D \times 16^{-1} + F \times 16^{-2}$$
$$= 11 \times 16^2 + 1 \times 16^1 + 9 \times 16^0 + 13 \times 16^{-1} + 15 \times 16^{-2}$$

十进制、二进制、八进制、十六进制四种数制的数据对应关系如表 1.4-2 所示。

表 1.4-2　　　　　　　　　四种数制的数据对应关系

十进制	二进制	八进制	十六进制	十进制	二进制	八进制	十六进制
0	0000	00	0	8	1000	10	8
1	0001	01	1	9	1001	11	9
2	0010	02	2	10	1010	12	A
3	0011	03	3	11	1011	13	B
4	0100	04	4	12	1100	14	C
5	0101	05	5	13	1101	15	D
6	0110	06	6	14	1110	16	E
7	0111	07	7	15	1111	17	F

2. 数制间的转换

由于计算机采用二进制，但用计算机解决实际问题时对数值的输入输出通常使用十进制，有时为表示方便，也常用八进制和十六进制，这就必然存在数制的转换问题。

（1）二进制、八进制、十六进制数转换成十进制数

二进制、八进制、十六进制数转换成十进制数采用"位权法"，按权展开相加即可。

【例 1.1】 将 (10110110)$_2$、(156)$_8$、(13A)$_{16}$ 转换成十进制。

$$(10110110)_2=2^7+2^5+2^4+2^2+2^1=128+32+16+4+2=(182)_{10}$$

$$(156)_8=1×8^2+5×8^1+6×8^0=(110)_{10}$$

$$(13C)_{16}=1×16^2+3×16^1+C×16^0=(316)_{10}$$

（2）十进制数转换成二进制

1）整数部分的转换——除以基数 2 取余法 整数部分的转换采用"除以基数 2 取余法"。即用基数 2 多次除被转换的十进制数，直至商为 0 为止。先得到的余数是最低位，最后所得余数是最高位。将余数由低位到高位排列即为要转换的 2 进制数。

2）小数部分的转换——乘以基数 2 取整法 小数部分的转换采用"乘以基数 2 取整法"。即用十进制小数乘以基数 2 取整数，剩余小数部分再乘以基数 2 取整数，当整数部分为 0 或达到所要求的精度时为止，先得到的整数为最高位，将整数由高位到低位排列即为要转换的 2 进制数。

【例 1.2】 将十进制数(25.25)$_{10}$ 转换成保留两位小数的二进制数。

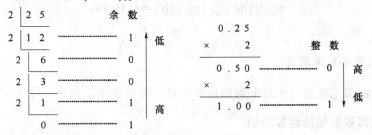

$$(25.25)_{10}=(11001.01)_2$$

（3）八进制、十六进制数转换为二进制数

二进制、八进制和十六进制之间的关系见表 1.4-3。

表 1.4-3　　　　　　　　二进制、八进制和十六进制之间的关系

二 进 制	八 进 制	二 进 制	十 六 进 制	二 进 制	十 六 进 制
000	0	0000	0	1000	8
001	1	0001	1	1001	9
010	2	0010	2	1010	A
011	3	0011	3	1011	B
100	4	0100	4	1100	C
101	5	0101	5	1101	D
110	6	0110	6	1110	E
111	7	0111	7	1111	F

因为 $2^3=8$，$2^4=16$，所以从表 1.4-3 中可以看出，每位八进制可用 3 位二进制数表示，每位十六进制可用 4 位二进制数表示。也就是 3 位二进制数可用 1 位八进制数表示，4 位二进制数可用 1 位十六进制数表示。

八进制、十六进制数转换为二进制数，将每位八进制用 3 位二进制数表示，每位十六

进制用 4 位二进制数表示即可。

【例 1.3】 将十六进制数 $(2A.1C)_{16}$ 和八进制数 $(173.6)_8$ 转换成二进制数。

$$(2A.1C)_{16} = (\underline{0010}\ \underline{1010}.\ \underline{0001}\ \underline{1100})_2$$

$$2 \quad A \quad . \quad 1 \quad C$$

$$(173.6)_8 = \underline{001}\ \underline{111}\ \underline{011}.\ \underline{110})_2$$

$$1 \quad 7 \quad 3 \quad . \quad 6$$

（4）二进制数转换为八进制数、十六进制数

二进制数转换为八（十六）进制数只要将二进制数从小数点分开，整数部分从右向左 3 位（4 位）一组分组，不足部分高位补 0，小数部分从左向右 3 位（4 位）一组分组，不足部分低位补 0，然后把每一组分别转换成对应的八（十六）进制即可。

【例 1.4】 将二进制数 $(1100101.10111)_2$ 转换成十六进制数和八进制数。

$$(\underline{0110}\ \underline{0101}.\underline{1011}\ \underline{1000})_2 = (65.B8)_{16}$$

$$6 \quad 5 \quad . \quad B \quad 8$$

$$(\underline{001}\ \underline{100}\ \underline{101}.\underline{101}\ \underline{110})_2 = (145.56)_8$$

$$1 \quad 4 \quad 5 \quad . 5 \quad 6$$

3. 二进制数的算术运算

二进制数的算术运算与十进制数的运算类似，包括加法、减法、乘法和除法运算。

（1）二进制数的加法运算法则

$$0+0=0 \quad\quad 0+1=1 \quad\quad 1+0=1 \quad\quad 1+1=10（向高位进位）$$

两个二进制数相加时，每一位最多有三个数：本位被加数、加数和来自低位的进位数。按照加法运算法则可得到本位加法的和及向高位的进位。

（2）二进制数的减法运算法则

$$0-0=0 \quad\quad 0-1=1（向高位借位）\quad\quad 1-0=1 \quad\quad 1-1=0$$

两个二进制数相减时，每一位最多有三个数：本位被减数、减数和向高位的借位数。按照减法运算法则可得到本位相减的差数和向高位的借位。

（3）二进制数的乘法运算法则

$$0\times0 = 0 \quad\quad 0\times1 = 0 \quad\quad 1\times0 = 0 \quad\quad 1\times1 = 1$$

（4）二进制数的除法运算法则

$$0\div0 = 0 \quad\quad 0\div1 = 0 \quad\quad 1\div0 = 0（无意义）\quad\quad 1\div1 = 1$$

4. 进制数的逻辑运算

逻辑变量之间的运算称为逻辑运算，它是逻辑代数的研究内容。在逻辑代数里，表示"真"与"假"、"是"与"否"、"有"与"无"这种具有逻辑属性的变量称为逻辑变量。对

二进制数的 1 和 0 赋以逻辑含义，例如用 1 表示真，用 0 表示假，这样将二进制数与逻辑取值对应起来，逻辑变量的取值只有两种：真和假，也就是 1 和 0。

逻辑运算有三种基本运算：逻辑或（逻辑加法运算）、逻辑与（逻辑乘法运算）和逻辑非（逻辑否定）运算。计算机的逻辑运算按位进行，没有进位或借位关系。

（1）逻辑或运算

逻辑或运算的运算符通常用符号"+"或"∨"来表示。逻辑或运算规则如下：

$$0 \vee 0 = 0 \quad 0 \vee 1 = 1 \quad 1 \vee 0 = 1 \quad 1 \vee 1 = 1$$

只要两个逻辑变量中有一个为 1，逻辑加的结果就为 1；只有两个逻辑变量同时为 0 时，结果才为 0。

（2）逻辑与运算

逻辑与运算的运算符通常用符号"."或"∧"表示。逻辑与运算规则如下：

$$0 \wedge 0 = 0 \quad 0 \wedge 1 = 0 \quad 1 \wedge 0 = 0 \quad 1 \wedge 1 = 1$$

不难看出，对于逻辑乘法运算，只有两个逻辑变量同时为 1 时，结果才为 1，其他情况结果都等于 0。

【例 1.5】 $X = 10100001$，$Y = 10011011$，求 $X \vee Y$，$X \wedge Y$。

$$
\begin{array}{r}
10100001 \\
\vee\,10011011 \\
\hline
10111011
\end{array}
\qquad
\begin{array}{r}
10100001 \\
\wedge\,10011011 \\
\hline
10000001
\end{array}
$$

所以：$X \vee Y = 10111011$，$X \wedge Y = 10000001$

（3）逻辑非运算

逻辑非运算又称为"求反"运算，常用数据上面加一横线表示。对某数进行逻辑非运算，就是对它的各位按位求反，即 0 变为 1，1 变为 0。

"非"的运算规则是：$\bar{1} = 0$，$\bar{0} = 1$。

设数 $X = X_{n-1} \cdots X_1 X_0$，则 $\overline{X} = \overline{X}_{n-1} \overline{X}_{n-2} \cdots \overline{X}_1 \overline{X}_0$。

▶ 1.4.2 常用数据编码

1. ASCII 码

ASCII 码是"美国标准信息交换代码"（American Standard Code for Information Interchange），国际上通用的 ASCII 码是 7 位码，通常用一个字节来表示，其最高位为 0。由于 $2^7 = 128$，所以共有 128 种不同组合，可以表示 128 个字符。ASCII 字符编码如表 1.4-4 所示。ASCII 码的基本规律有：

① 从左往右，ASCII 码值在增加。

② 从上往下，ASCII 码值依次增加 1。

③ 随着英文字母的排列顺序 ASCII 码值依次增加 1。

④ 数字的 ASCII 码值小于大写字母的 ASCII 码值；大写字母的 ASCII 码值小于小写字母的 ASCII 码值。

⑤ 0 的 ASCII 码值为 48，大写 A 的 ASCII 码值为 65，小写 a 的 ASCII 码值为 97，相同字母的大小写 ASCII 码值相差 32。

表 1.4-4　　　　　　　　　　ASCII 字 符 编 码 表

$b_3b_2b_1b_0$ ＼ $b_6b_5b_4$	000	001	010	011	100	101	110	111
0000	NUL	DEL	SP	0	@	P	`	p
0001	SOH	DC1	!	1	A	Q	a	q
0010	STX	DC2	"	2	B	R	b	r
0011	ETX	DC3	#	3	C	S	c	s
0100	EOT	DC4	$	4	D	T	d	t
0101	ENQ	NAK	%	5	E	U	E	u
0110	ACK	SYN	&	6	F	V	f	v
0111	DEL	ETB		7	G	W	g	w
1000	BS	CAN	(	8	H	X	h	x
1001	HT	EM	)	9	I	Y	i	y
1010	LF	SUB	*	:	J	Z	j	z
1011	VT	ESC	+	;	K	[	k	{
1100	FF	FS	,	<	L	\	l		
1101	CR	GS	-	=	M	]	m	}
1110	SO	RS	.	>	N	^	n	~
1111	SI	US	/	?	O		o	DEL

如数字 0～9 的 ASCII 编码的值分别为 0110000B～0111001B，对应十六进制数为 30H～39H。字母"A"的 ASCII 编码值为 41H，小写字母"z"的 ASCII 编码值为 7AH 等。

扩充 ASCII 码的最高位为 1，其范围用二进制表示为 10000000～11111111，用十进制表示为 128～255，也共有 128 种。

2. 汉字编码

国家标准汉字编码集（GB 2312—80）收集和定义了 6763 个汉字以及拉丁字母、俄文字母、汉语拼音字母、数字和常用符号等 682 个共 7445 个汉字和字符。其中，使用频度较高的 3755 个汉字定义为一级汉字，按汉字拼音字母顺序排列。使用频率较低的 3008 个汉字定义为二级汉字，按部首排列。

计算机汉字的编码有外码、国标码、机内码、字形码等。

计算机处理汉字的步骤是：

① 将每个汉字以外部输入码输入计算机。

② 将外部输入码转换成计算机能识别的汉字机内码进行存储。

③ 将机内码转换成汉字字形码输出。汉字信息的数字化过程如图 1.4-1 所示。

（1）汉字外码（输入码）

汉字输入码是指从键盘上输入汉字时采用的编码。汉字输入编码有多种，目前广泛使用的编码有：音码，例如全拼码；形码，如五笔字型码；音形码，例如自然码；数字码，如区位码等。输入码进入机器后必须转换为机内码进行存储和处理。

（2）汉字国标码（交换码）和机内码（双字节码）

GB 2312—80 规定每个汉字用 2 个字节的二进制编码，每个字节最高位为 0，其余 7 位用于表示汉字信息。

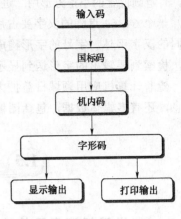

图 1.4-1　汉字信息的数字化过程

为了保证中西文兼容，在计算机内部能区分 ASCII 字符和汉字，将汉字国标码的 2 个字节二进制代码的最高位置为 1，从而得到对应的汉字机内码。汉字机内码是汉字在计算机内部被存储、处理和传输时使用的编码。

ASCII 码	0	ASCII 码低 7 位		
国标码	0	第 1 个字节的低 7 位	0	第 2 个字节的低 7 位
机内码	1	第 1 个字节的低 7 位	1	第 2 个字节的低 7 位

例如，汉字"啊"的国标码的 2 个字节二进制编码 00110000B 和 00100001B，对应的十六进制数为 30H 和 21H。汉字"啊"的机内码的 2 个字节二进制编码为 10110000B、10100001B，对应的十六进制数为 B0H 和 A1H。

计算机处理字符数据时，当遇到最高位为 1 的字节，便可将该字节连同其后续最高位也为 1 的另一个字节看作 1 个汉字机内码；当遇到最高位为 0 的字节，则可看作一个 ASCII 码西文字符，这样就实现了汉字、西文字符的共存与区分。

2000 年国家信息产业部和国家质量技术监督局联合颁布了 GB 18030—2000《信息技术与信息交换用汉字编码字符集基本集的扩充》。在新标准中采用了单字节、双字节、四字节混合编码，收录了 27000 多个汉字和藏、蒙古、维吾尔等主要的少数民族文字，总的编辑空间超过了 150 万个码位。新标准适用于图形字符信息的处理、存储、传输，并直接与 GB 2312—80 信息处理交换码所对应的事实上的内码标准相兼容。所以，新标准与现有的绝大多数操作系统、中文平台兼容，能支持现有的各种应用系统。

（3）汉字字形码

汉字字形码是一种用点阵表示汉字字形的编码，也称为汉字字模，用于汉字的输出。它把汉字按字形排列成点阵，常用的点阵有 32×32、64×64 或更高。

图 1.4-2 是"中"字 32×32 的点阵字形示意

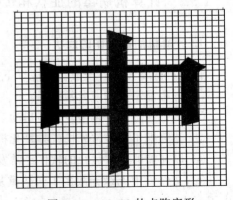

图 1.4-2　32×32 的点阵字形

图。有笔画位置的小正方形用二进制位 1 表示，没有笔画的位置小正方形用二进制位 0 表示。

一个 64×64 点阵的汉字要占用 512 个字节，可见汉字点阵的信息量是非常大的。所有不同的汉字字体、字号的字形构成汉字库，一般存储在硬盘上，当要显示输出时才调入内存，检索到要输出的字形送到显示器输出。

随着计算机应用领域日益扩大，计算机中处理的数据不仅仅有数值数据、字符和汉字信息，还有多媒体数据，包括图像、视频、音频数据等。

1.5 计算机病毒及其防治

▶ 1.5.1 计算机病毒及其特点

1. 什么是计算机病毒

计算机病毒是指人为编制或者在计算机程序中插入破坏计算机功能或者毁坏数据，影响计算机使用，并能自我复制的程序代码。因此，计算机病毒是软件，是人为制造出来专门破坏计算机系统安全的程序。

2. 计算机病毒的特性

计算机病毒的特性主要体现在传播性、破坏性、潜伏性和可触发性等四个方面。

1）传播性 是计算机病毒最基本的特性，是判断、检测病毒的重要依据。病毒的传播媒介包括各种存储设备和网络。

2）破坏性 是指病毒能够降低计算机工作效率，破坏计算机的资源，甚至导致硬盘数据丢失、程序无法运行和系统无法启动。

3）潜伏性 是指计算机病毒经常潜伏于正常程序中或磁盘较隐蔽的地方，在用户没有察觉的情况下扩散。

4）可触发性 是指病毒因某个事件的出现，诱使其实施感染或传播，对系统进行攻击。

▶ 1.5.2 计算机病毒的症状和传播条件

1. 计算机病毒发作的症状

计算机病毒发作时一般会出现以下症状：

① 屏幕显示异常或异常提示。

② 运行速度越来越慢，重新启动后，依然如此。

③ 计算机出现异常死机或频繁死机或不能开机。

④ 以前能够正常运行的软件经常发生内存不足的错误，存储空间异常减少。

⑤ 文件夹中无缘无故多了一些重复或奇怪的文件，系统文件的大小、时间、日期发生了变化。

⑥ 丢失文件和数据。

⑦ 异常要求用户输入密码。

⑧ 网络速度变慢或者自动链接到一些莫名其妙的网站。

⑨ 电子邮箱中有不明来路的信件。

⑩ 主板被破坏等。

2. 计算机病毒的传播条件

① 通过媒体载入计算机，如网络、可移动存储器等。

② 病毒被激活，随着所依附的程序被执行后进行扩散。通常随操作系统加载到内存中进行传染与破坏或寄生在可执行文件中，如 *.com，*.exe 等文件，文件执行时，病毒程序跟着被执行。

▶ 1.5.3 计算机病毒的防治

1. 计算机病毒的预防

要牢固树立预防为主的思想，采取"预防为主，防治结合"的方针。

1）软件预防　安装杀毒软件，实时监控病毒的入侵和感染。

2）硬件预防　插入附加固件，如将防毒卡插到主板上，当系统启动后先自动执行，从而取得 CPU 的控制权。

3）安全管理计算机　包括使用正版软件、严格管理账号、数据备份等。

① 使用正版软件，从可靠渠道下载免费软件。

② 对服务器及重要的网络设备实行物理安全保护和严格的安全操作规程，严格管理和使用系统管理员的账号，限定其使用范围，严格管理和限制用户的访问权限，特别是加强对远程访问、特殊用户的权限管理。

③ 限制网上可执行代码的交换，控制共享数据，一旦发现病毒，立即断开网络连接。

④ 不打开来路不明的电子邮件，直接删除。

⑤ 对外来的可移动存储器，使用前先检查有无病毒。

⑥ 重要数据要定期与不定期地进行备份。

2. 计算机病毒的清除

一旦发现计算机感染病毒，应及时采取措施，保护好数据，利用杀毒软件对系统进行查毒杀毒处理。常用的杀毒软件主要有：瑞星、金山毒霸、诺顿等。

有关杀毒软件的使用，将在第 7 章"常用工具软件"中介绍。

习　题

一、简答题

1. 一个完整的计算机系统由哪些部分构成？各部分之间的关系如何？

2. 简述冯·诺依曼型计算机的基本组成和工作原理。

3. 计算机的主要应用领域有哪些方面？试分别举例说明。

4. 存储器中 ROM 和 RAM 的区别是什么？计算机的启动程序通常放在哪里？

5. 存储器的容量单位有哪些？存储器地址的概念是什么？

6. 画出计算机的三级存储体系与 CPU 之间关系的示意图。

7. 什么是操作系统？它的主要功能是什么？

8. 什么是目标程序、源程序？

9. 什么是计算机病毒？有哪些特征？

10. 请描述防治计算机病毒的具体措施。

二、单项选择题

1. 第一台电子数字计算机 ENIAC 于（　　）年，在（　　）诞生。

    （A）1927，德国　　　　　　　　（B）1936，英国

    （C）1946，美国　　　　　　　　（D）1951，日本

2. 电子计算机能够快速、准确、按照人们的意图进行工作的基本思想是（　　），这个思想是由（　　）提出的，按照这个思想，计算机由五大部件组成，它们是（　　）。

    （A）存储程序

    （B）采用逻辑器件

    （C）总线结构

    （D）识别控制代码

    （E）图灵

    （F）布尔

    （G）冯·诺依曼

    （H）爱因斯坦

    （I）CPU、控制器、存储器、输入/输出设备

    （J）控制器、运算器、存储器、输入/输出设备

    （K）CPU、运算器、主存储器、输入/输出设备

    （L）CPU、控制器、主存储器、输入/输出设备

3. 计算机硬件的核心是（　　）。

    （A）内存储器　　　　　　　　　（B）输入设备

    （C）输出设备　　　　　　　　　（D）中央处理单元

4. 微型计算机的运算器、控制器及内存储器的总称是（　　）。

    （A）CPU　　　　　　　　　　　（B）ALU

    （C）主机　　　　　　　　　　　（D）MPU

5. 电子计算机可以进行（　　）运算。

    （A）逻辑　　　　　　　　　　　（B）逻辑和算术

    （C）算术　　　　　　　　　　　（D）任何

6. 微型计算机在工作中尚未进行存盘操作，突然电源中断，则计算机中（　　）全部丢失，再次通电后也不能完全恢复。

（A）ROM 和 RAM 中的信息 （B）RAM 中的信息

（C）已输入的数据和程序 （D）硬盘中的信息

7. 配置高速缓冲存储器（Cache）是为了解决（ ）。

（A）内存与辅助存储器之间速度不匹配问题

（B）CPU 与辅助存储器之间速度不匹配问题

（C）CPU 与主存储器之间速度不匹配问题

（D）主机与外设之间速度不匹配问题

8. 计算机的存储系统中存取速度最快的是（ ）。

（A）内存 （B）软磁盘

（C）光盘 （D）外存

9. 相对于软盘，硬盘的（ ）。

（A）容量大得多，速度很快 （B）容量小得多，速度很快

（C）容量小得多，速度很慢 （D）容量大得多，速度很慢

10. 对 3.5 英寸软盘，移动滑块露出写保护孔，就（ ）。

（A）不能存取数据

（B）能安全地存取数据

（C）只能读取数据而不能存入数据

（D）只能写入数据而不能读取数据

11. 1.44M 的软磁盘格式化时，被划分为一定数量的同心圆磁道，软盘上最外圈的磁道是（ ）。

（A）1 磁道 （B）0 磁道

（C）39 磁道 （D）80 磁道

12. 反映计算机存储容量的基本单位是（ ）。

（A）二进制位 （B）字节

（C）字 （D）双字

13. 在微型计算机中，存储容量为 1MB，指的是（ ）。

（A）1024×1024 个字 （B）1024×1024 个字节

（C）1000×1000 个字 （D）1000×1000 个字节

14. 下列说法中正确的是（ ）。

（A）计算机体积越大，其功能就越强

（B）在微型计算机的性能指标中，CPU 的主频越高，其运算速度越快

（C）两个显示器屏幕大小相同，则它们的分辨率必定相同

（D）点阵打印机的针数越多，则能打印的汉字字体就越多

15. 下列设备中，哪一个不是微型计算机的输入设备（ ）。

（A）鼠标 （B）扫描仪

（C）显示器 （D）数字化仪

16. 下列设备中，既可作为输入设备又可作为输出设备的是（ ）。

（A）鼠标 （B）打印机

　　　　（C）键盘　　　　　　　　　　　（D）磁盘驱动器

17. 计算机软件系统一般包括（　　　）。

　　（A）实用软件和计算软件　　　　（B）实用软件和数据库软件

　　（C）系统软件和应用软件　　　　（D）编辑软件和应用软件

18. 计算机中，唯一可识别和处理的语言为（　　　）。

　　（A）机器语言　　　　　　　　　　（B）汇编语言

　　（C）高级语言　　　　　　　　　　（D）任何语言

19. 用计算机高级语言编写的程序，通常称为（　　　）。

　　（A）源程序　　　　　　　　　　　（B）目标程序

　　（C）汇编程序　　　　　　　　　　（D）二进制代码程序

20. 计算机今后的发展趋势是（　　　）。

　　（A）统一化、微型化、多用途、多媒体化、网络化

　　（B）低价格、高性能、多媒体化、彩色、网络化

　　（C）规范化、巨型化、多用途、多终端

　　（D）微型化、巨型化、多媒体化、网络化、智能化

21. 随着计算机的发展，CAD 即（　　　），CAI 即（　　　）在应用中发挥了越来越大的作用。

　　（A）计算机辅助设计　　　　　　（B）计算机辅助测试

　　（C）计算机辅助教学　　　　　　（D）计算机辅助制造

22. 十进制数 99.125 的二进制表示是（　　　）。

　　（A）1101101.101　　　　　　　　（B）1110110.011

　　（C）1100011.001　　　　　　　　（D）11011111

23. 下列各种进制的数中最小的数是（　　　）。

　　（A）$(101001)_2$　　　　　　　　（B）$(52)_8$

　　（C）$(2B)_{16}$　　　　　　　　　（D）$(46)_{10}$

24. 在微型计算机中，应用最普遍的字符编码是（　　　）。

　　（A）ASCII 码　　　　　　　　　　（B）BCD 码

　　（C）汉字编码　　　　　　　　　　（D）机内码

25. 用 64×64 点阵存储一个汉字的字形码，在汉字处理系统中，一级字库有 3755 个汉字，那么将占用（　　　）个字节的存储容量。

　　（A）3755×2　　　　　　　　　　（B）3755×16

　　（C）3755×32　　　　　　　　　　（D）3755×64×8

第2章 中文操作系统 Windows XP

本章主要介绍 Windows XP Professional 中文版（以下统称 Windows XP）的基本操作，文件及文件夹的概念、操作与管理，利用"控制面板"进行系统配置等内容。

<table>
<tr><td rowspan="5">学 习 目 标</td><td>● 熟练掌握 Windows XP 的基本操作</td></tr>
<tr><td>● 理解文件及文件夹的概念</td></tr>
<tr><td>● 熟练掌握文件及文件夹的操作</td></tr>
<tr><td>● 熟练掌握"资源管理器"的基本操作</td></tr>
<tr><td>● 掌握利用"控制面板"进行 Windows XP 的系统配置</td></tr>
</table>

2.1 Windows XP 概 述

▶ 2.1.1 Windows XP 简介

Windows XP 是 Microsoft 公司于 2001 年推出的又一新型视窗操作系统，字母 XP 表示英文单词"体验"（experience）的意思，它继承了 Windows 2000 的安全性和稳定性等先进技术，运行更加快速而可靠，并且结合以前 Windows 版本界面直观、操作简便的特点，工作界面更加美观大方，又新增了许多方便而实用的功能，使用户操作起来更加得心应手。

▶ 2.1.2 Windows XP 的启动

启动 Windows XP 的一般步骤为：

① 依次打开外部设备的电源开关和主机电源开关。

② 计算机进行系统自检，如果没有发现异常问题便可进入启动阶段。

③ 屏幕显示"Microsoft Windows XP"字样及微软注册商标，稍等片刻，屏幕便会显示清新简洁的 Windows XP 工作桌面，如图 2.1-1 所示。

▶ 2.1.3 退出 Windows XP 并关闭计算机

Windows XP 的前台运行某一程序的同时，后台也运行着一些程序。在这种情况下，如果因为前台程序已经完成而关闭电源，后台程序的数据和运行结果就会丢失。另外，系统在运行期间占用大量磁盘空间保存临时数据，临时性文件在 Windows 正常退出时将予以删除，以免浪费资源。如果非正常退出，将使 Windows 来不及处理这些工作，从而导致磁盘空

图 2.1-1　Windows XP 的工作桌面

间的浪费。因此，关闭计算机时，不能直接关闭计算机的电源，必须正常退出 Windows 系统。

操作步骤如下：

① 关闭所有正在运行的应用程序。

② 选择"开始/关闭计算机"菜单命令，将显示"关闭计算机"对话框。

③ 选择"关闭"命令按钮，系统自动关闭主机电源，当然显示器及其外设电源仍需要用户关闭，如图 2.1-2 所示。另外，选择"重新启动"将重新启动计算机；选择"待机"，将使计算机进入休眠状态以节省电能。

有时计算机运行时会出现"死机"现象，可能无法关闭正在运行的程序，可以按 Ctrl+Alt+Del 打开"任务管理器"对话框，选定一个任务后单击"结束任务"按钮结束当前任务，然后执行上述第②步，如仍然不

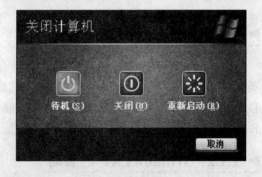

图 2.1-2　"关闭计算机"对话框

能关闭，则可以按主机箱面板上的 Reset（复位）按钮（有的计算机没有 Reset 按钮），系统立即重新启动。最后一种方法是长按主机箱电源，直接关闭计算机，稍后再打开计算机。如果系统无法重启，则在启动时按 F8 键，在弹出的菜单中选择"安全模式"，则系统以安全模式启动计算机，启动成功后关机，再以正常方式重新启动计算机。

2.2　Windows XP 的基本操作

本节主要介绍 Windows XP 中鼠标、键盘的使用以及 Windows XP 的桌面、窗口、菜单和对话框的基本概念、操作，以及使用技巧。

▶ 2.2.1　鼠标和键盘的操作

1. 鼠标操作

鼠标指针形状通常是一个小箭头，但在一些特殊场合下，鼠标指针的形状会发生变化。不同鼠标指针形状所代表的含义不同，如表 2.2-1 所示。

表 2.2-1　　　　　　　　　　　　　　　鼠标指针形状及其含义

指针	特 定 含 义	指针	特 定 含 义	指针	特 定 含 义
	标准选择		文字选择		调整窗口的对角线 1
	帮助选择		手写		窗口的对角线调整 2
	后台操作		不可用		移动窗口
	忙		调整窗口垂直大小		其他选择
	精度选择		调整窗口水平大小		超级链接选择

鼠标的基本操作有指向、单击、右击、双击、拖拽等。

1）指向　滑动鼠标，使鼠标指针指向某个对象的操作称为鼠标的指向。

2）单击　将鼠标指针指向屏幕上的某个位置，按下鼠标左键并释放，就是单击鼠标的操作。此操作用来选择一个对象或执行一个命令。

3）双击　双击鼠标是指迅速而连续地两次单击鼠标左键。该操作用来启动一个程序或打开一个文件，例如快捷方式、文件夹、文档、应用程序等。

4）右击　将鼠标指针指向屏幕上的某个位置，按下鼠标右键，然后释放，就是右击鼠标的操作。当在特定的对象上右击时，会弹出其快捷菜单，从而可以方便地完成对所选对象的操作。不同的对象会出现不同的快捷菜单。

5）拖拽　将鼠标指针指向 Windows 对象，按住鼠标左键不放，然后移动鼠标到特定的位置后释放鼠标左键便完成了一次鼠标的拖放操作。该操作常用于复制或移动对象，或者拖动滚动条与标尺的标杆。

2. 键盘操作

利用键盘可完成中文 Windows XP 提供的所有操作功能。常用的快捷键如表 2.2-2 所示。

表 2.2-2　　　　　　　　　　　　　　　常 用 键 盘 快 捷 键

命　　　令	作　　　用
Ctrl+Alt+Delete	启动任务管理器
Esc	取消当前任务
Alt+F4	关闭活动项或者退出活动程序
Alt+Tab	切换窗口
Ctrl+空格	中英文输入法之间切换
Ctrl+Shift	各种输入法之间切换
Shift+空格	中文输入法状态下全角/半角切换
Ctrl+.	中文输入法状态下中文/英文标点切换
Print screen	复制当前屏幕图像到剪贴板
Alt+Print screen	复制当前窗口、对话框或其他对象（如任务栏）到剪贴板

▶ 2.2.2　Windows XP 桌面的组成与操作

1. 桌面的组成

Windows XP 启动成功之后，呈现在用户面前的整个屏幕就是桌面，如图 2.1-1 所示。Windows XP 的桌面由屏幕工作区、各种图标、桌面组件、应用程序窗口以及任务栏等桌面元素组成。

位于 Windows 桌面最下部的是任务栏，其左边是"开始"按钮，右边是公告区，显示计算机的系统时间等，中部显示出正在使用的各应用程序图标，或个别可以运行的应用程序按钮。

Windows 桌面上所显示的图形标志（简称图标），表示了应用程序、文件、文件夹或快捷方式。Windows XP 环境下常见的图标主要有："我的电脑"、"网上邻居"、"我的文档"、"回收站"。

1）我的电脑　查看并管理本地计算机的所有资源，进行文件和文件夹的操作。

2）网上邻居　计算机与局域网相连，可以利用网上邻居查看并使用网络中的资源。

3）我的文档　存放文件的首选位置，我的文档内可包含文件或文件夹。

4）回收站　是系统在硬盘中开辟的专门存放被删除文件和文件夹的区域。

Windows 桌面的操作主要有对桌面图标、任务栏和"开始"按钮的操作等。

2. 对图标的操作

对 Windows 桌面图标的操作主要有：添加新图标、删除图标、排列图标、利用桌面上的图标启动程序等。

（1）添加文件（夹）图标

可以从别的地方通过鼠标拖动的方法创建一个新图标，也可以通过右键单击桌面空白处创建新图标。

【例 2.1】　在桌面上建立一个姓名文件夹图标。

在桌面上添加文件夹图标的方法：

① 右键单击桌面空白处，将弹出快捷菜单，选择"新建/文件夹"菜单命令，在出现的文件夹图标名称处输入文件夹名即可，如图 2.2-1 所示。

② 建立空白文件的方法类似于文件夹图标的添加方法。

（2）添加快捷方式图标

快捷方式是显示在 Windows 桌面上的一个图标，双击这个图标可以迅速而方便地运行一个应用程序。实际上，快捷方式是一种特殊的 Windows 文件（扩展名为 .LNK），每个快捷方式都与一个具体的应用程序、文档或文件夹相关联。对快捷方式的改名、移动、复制或删除只影响快捷方式文件，而快捷方式所对应的应用程序、文档或文件夹不会改变。

【例 2.2】　在桌面上建立一个"画图"应用程序的快捷方式图标，利用"画图"快捷方式启动画图程序。

创建快捷方式的步骤：

① 鼠标右键单击桌面空白处，在弹出的快捷菜单中选择"新建/快捷方式"菜单命令；确定要创建快捷方式的文件或文件夹的位置，在出现的如图 2.2-2 所示的对话框中单击"浏览"按钮来选择位置，或者直接输入，单击"下一步"按钮，在"选择程序标题"对话框中，输入快捷方式的名称，单击"完成"按钮即可。

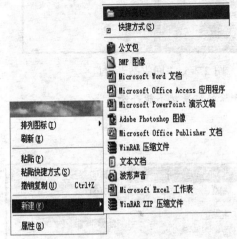

图 2.2-1 桌面的快捷菜单

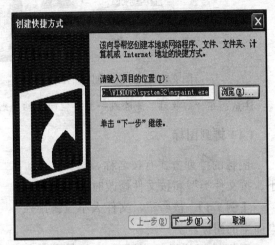

图 2.2-2 "创建快捷方式"对话框

② 修改快捷方式属性：鼠标右键单击快捷方式图标，可在其快捷菜单中的"属性"菜单命令对其进行修改属性等操作。属性对话框如图 2.2-3 所示。

③ 也可以把要建立快捷方式的对象直接拖到桌面上来创建快捷方式。

（3）删除图标

右键单击某图标，从快捷菜单中选择"删除"命令即可，或直接将其拖放到回收站。

【例 2.3】 删除姓名文件夹和"画图"快捷方式，并还原"画图"快捷方式图标，彻底删除姓名文件夹。

① 删除图标的方法：如图 2.2-4 所示。

② 回收站的使用：打开"回收站"

图 2.2-3 "快捷方式属性"对话框

窗口，选定对象，选择"文件/还原"菜单命令还原对象；选择"文件/删除"菜单命令，或按"Delete"键彻底删除对象；选择"文件/清空回收站"菜单命令删除全部对象，如图 2.2-5 所示。

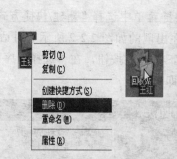

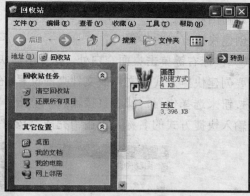

图 2.2-4　删除桌面上的图标　　　　　图 2.2-5　"回收站"窗口

注意：在"回收站"删除或一旦清空回收站，则删除的对象就不能再恢复。

（4）排列图标

图标的排列方式有按名称、按文件大小、按文件类型和按文件修改时间等方式。

【例 2.4】 按名称、文件大小重新排列桌面上的图标。

图标排列的操作步骤：右击桌面空白处，从快捷菜单中选择"排列图标"下级菜单中的排列方式即可，如图 2.2-6 所示。若取消"自动排列"，可把图标拖到桌面上的任何地方。

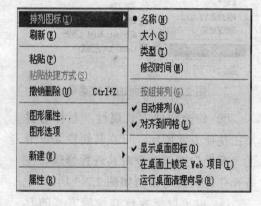

图 2.2-6　排列桌面上图标的菜单列表

（5）利用桌面上图标启动程序

利用 Windows 桌面上的快捷方式图标启动程序的方法是用鼠标双击桌面上应用程序对应的图标即可启动。

3. 任务栏的操作

Windows 桌面的最下端是任务栏，其左边是"开始"按钮，之后是"快速启动"按钮，右边是公告区，用于显示计算机的系统时间和输入法按钮等，中部显示出正在使用的各应用程序的图标，用鼠标单击某个应用程序图标即可将其设置为当前任务，对应的应用程序图标凹陷显示。如图 2.2-7 所示。

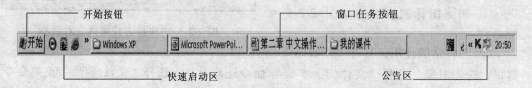

图 2.2-7　任务栏

对任务栏的操作主要有：调整任务栏的大小、设置任务栏的属性、取消或添加子菜单栏、利用任务栏切换窗口等。

【例 2.5】 改变任务栏的大小，将其定位到桌面顶部，取消"快速启动"子菜单栏，并将任务栏设置为自动隐藏。

① 调整任务栏的大小：通常情况下任务栏的高度只能容纳一行按钮。可以将鼠标指针指向任务栏与桌面交界处，指针形状为垂直箭头时拖拽鼠标。尺寸变化后的任务栏如图 2.2-8 所示。

图 2.2-8　尺寸变化后的任务栏

② 调整任务栏的位置：默认情况下任务栏位于屏幕的底部，也可以将任务栏移动到屏幕的顶部或两侧，即在任务栏的空白处按下鼠标左键沿 45°方向拖拽鼠标到相邻的桌面边框即可。

③ 设置任务栏的属性：在任务栏的空白处右键单击，选择快捷菜单中的"属性"菜单命令，在显示的"任务栏和「开始」菜单属性"对话框中设置，如图 2.2-9 所示。在此对话框中可以设置"锁定任务栏"、"自动隐藏任务栏"、"将任务栏保持在其他窗口的前端"、"显示时钟"、"隐藏不活动的图标"等属性。将任务栏设置为"自动隐藏"时，把鼠标指针移到屏幕的底部，任务栏会自动弹出。

④ 取消或添加子菜单栏：右击任务栏空白处，在快捷菜单中选择"工具栏"，下一级菜单中选择需要添加的子菜单栏，如图 2.2-10 所示。单击"快速启动"子菜单栏中的按钮，可快速启动程序。

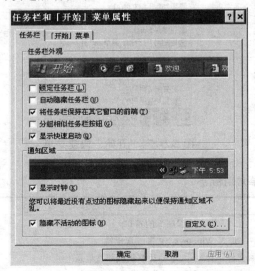

图 2.2-9　"任务栏和「开始」菜单属性"对话框

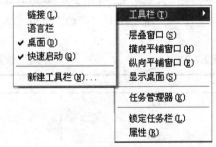

图 2.2-10　任务栏快捷菜单

4."开始"菜单

"开始"按钮位于任务栏左端，为执行程序，管理系统提供的一种方便、简捷的操作方式。单击或右击"开始"按钮将执行不同的任务。

（1）"开始"菜单

单击"开始"（Ctrl+Esc）按钮后，屏幕上将显示如图 2.2-11 所示的"开始"菜单，它包含了使用 Windows 所需的全部命令。也可用 Ctrl+Esc 快捷键代替单击"开始"按钮。

若要运行某个应用程序，把鼠标指针指向"所有程序"；若要获得某项操作的帮助信息，则单击"帮助和支持"。

（2）"开始"快捷菜单

右击"开始"按钮后，将显示其快捷菜单，如图 2.2-12 所示。用户根据需要可以用鼠标选择其中的菜单命令，也可以用键盘键入热键选择菜单命令。表 2.2-3 给出了常用命令的功能解释。

图 2.2-11 "开始"菜单

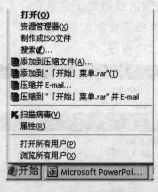

图 2.2-12 "开始"快捷菜单

表 2.2-3　　　　　　　　　　　　　"开始"快捷菜单常用命令

命　　令	作　　用
打开	打开"程序"的窗口
资源管理器	进入 Windows XP 资源管理器
搜索	搜索文件（夹）、共享的计算机或邮件信息
属性	"任务栏和「开始」菜单属性"设置

（3）"开始"菜单的管理

对于 Windows 用户来说，根据自己的需要来设置和管理"开始"按钮能够很大程度上提高操作的效率。可以把经常使用的程序放在"开始"菜单中。这样，通过"开始"菜单就可以比较容易地运行它们。当然，也可以把常用的程序、文件（夹）和文档做成快捷方式放在 Windows 桌面上，但 Windows 桌面不是任何时候都可见的，有时某些窗口可能要覆盖在要使用的快捷方式上，而"开始"按钮却始终可以打开。

1）在"开始"菜单中添加菜单项 使用鼠标的拖放功能，向"开始"菜单添加新的菜单项的方法：

首先找到要添加到"开始"菜单的对象图标，然后用鼠标左键拖拽这个图标到"开始"按钮中释放鼠标左键，即将拖入的对象添加到"开始"菜单中。

2）在"开始"菜单中删除菜单项 可以把不经常使用的"开始"菜单中的某个菜单项删除，以使"开始"菜单简明实用。删除"开始"菜单的菜单项步骤为：

在"开始"菜单中删除菜单项的一种简单方法是鼠标右键单击要删除的"开始"菜单项，快捷菜单中选择"删除"命令即可。如图 2.2-13 所示。

注意：删除"开始"菜单中的菜单命令不会删除对应的程序、文档或文件（夹），删除的只是"开始"菜单中的菜单命令。

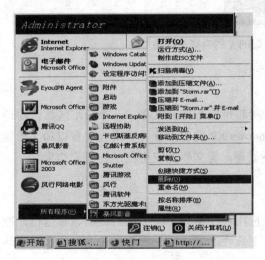

图 2.2-13 "开始"菜单中删除菜单项

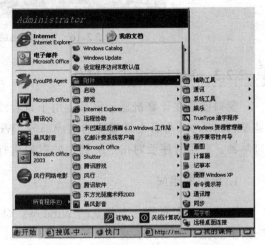

图 2.2-14 "开始"菜单中启动程序

3）利用"开始/所有程序"菜单启动程序 例如启动"写字板"程序：选择"开始/所有程序/附件/写字板"菜单命令，如图 2.2-14 所示。

4）利用"开始/运行"命令启动程序 对于运行次数较少的应用程序或者是该应用程序没有加入到"所有程序"菜单中的程序组中，可以使用"开始/运行"命令来启动该应用程序，如图 2.2-15 所示。

5）"开始/我最近的文档"菜单命令 对于最近处理过的文档文件，Windows XP 将其记录在"开始/我最近的文档"中。通过选择"开始/我最近的文档"菜单命令，在如图 2.2-16 所示的级联菜单中单击要处理的文档文件名，就可以运行处理该文档的应用程序，并对该文档进行处理。

图 2.2-15 "运行"对话框

图 2.2-16 "开始/我最近的文档"菜单列表

▶ 2.2.3　窗口的组成与操作

窗口就是在计算机显示屏幕上用于查看或处理应用程序和文档的一个矩形区域。窗口是 Windows XP 屏幕上最重要的组成部分。Windows XP 的窗口分为应用程序窗口和文档窗口两种。应用程序要对指定文档中的对象进行处理，而文档是应用程序处理的结果。

1. 窗口的组成

图 2.2-17 所示是一个典型的 Windows XP 应用程序窗口。其中包括边框、标题栏、控制菜单图标、改变大小及关闭按钮、菜单栏、工具栏、工作区、状态栏和垂直与水平滚动条等。

窗口标题栏位于窗口的顶端，窗口标题栏标明了窗口的名称。Windows XP 允许同时打开多个窗口，但在所有打开的窗口中只有一个当前活动窗口。当前活动窗口的标题栏以醒目的颜色（一般为蓝色）显示，非活动窗口的标题栏一般呈灰色。

2. 窗口的操作

对窗口的操作主要有窗口大小、位置的改变、关闭、多窗口的排列和切换等。

【例 2.6】　同时打开"我的电脑"、"我的文档"和"画图"程序窗口，改变窗口尺寸为任意大小，层叠排列、横向平铺窗口并进行窗口的切换。

1）最小化、最大化（还原）、关闭窗口　单击标题栏中对应按钮，或选择"控制菜单"菜单中的相应命令，使窗口最小化、最大化（还原）、关闭（Alt+F4）。窗口最小化后并未退出该应用程序，任务栏上应用程序图标仍存在，单击可以激活还原窗口，而关闭窗口是退出对应的程序。

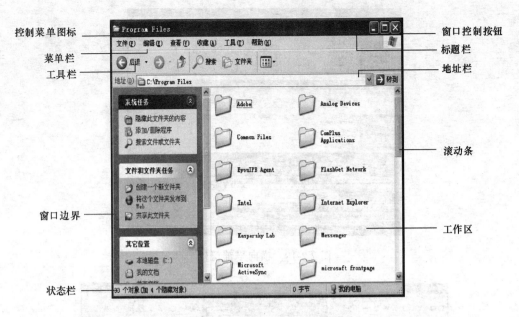

控制菜单图标

菜单栏

工具栏

窗口边界

状态栏

窗口控制按钮

标题栏

地址栏

滚动条

工作区

图 2.2-17　一个典型的 Windows XP 窗口

2）排列窗口　打开多个窗口时，可以改变窗口的排列方式。窗口排列有层叠窗口、横向平铺窗口、纵向平铺窗口三种方式。排列窗口的方法是用鼠标右键单击任务栏，在图 2.2-10 任务栏快捷菜单中选择"层叠窗口"等所需的排列方式，如图 2.2-18、图 2.2-19 和图 2.2-20 所示。

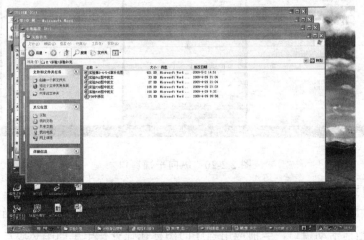

图 2.2-18　层叠窗口

3）调整大小　鼠标指针指向窗口边框或窗口角，指针形状为双向箭头时拖动可以改变窗口的大小，或选择控制菜单中的"大小"命令，使用键盘方向按键移动改变窗口的大小。

4）移动窗口　用鼠标拖动窗口标题栏可以移动窗口的位置，或选择"控制菜单/移动"命令，使用键盘方向按键移动窗口的位置。

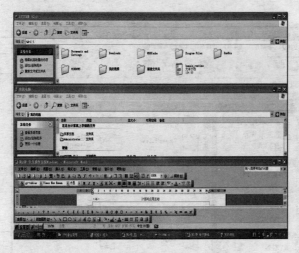

图 2.2-19　横向平铺窗口

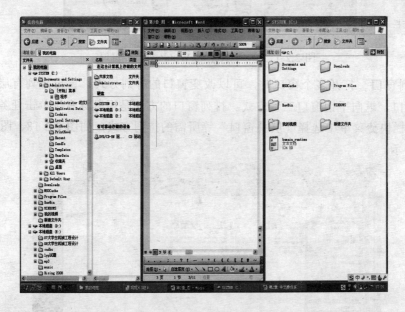

图 2.2-20　纵向平铺窗口

5）多窗口之间的切换　打开的多个应用程序，它们在任务栏上都将显示一个应用程序图标。在所有打开的应用程序中，只有一个是当前正在使用的，被称为"当前应用程序"，对应窗口即为当前活动窗口，当前应用程序的图标在任务栏中呈凹陷状态，该程序的窗口为当前活动窗口并显示在其他程序窗口的上方。其余应用程序的图标呈凸出状态。当需要改变当前活动窗口时，只要在任务栏单击对应图标，或者单击该窗口的任何可见部分即可。

▶ 2.2.4　菜单的使用

除了"开始"菜单外，Windows XP 还提供了应用程序菜单栏、控制菜单和快捷菜单三种菜单形式。

1. 应用程序菜单

应用程序的菜单栏提供了该应用程序的基本操作命令，如图 2.2-21 所示。菜单栏由若干个菜单项组成，每个菜单项都有对应的一个下拉式菜单，下拉式菜单由若干个与菜单项相关的菜单命令组成。执行菜单命令时，用鼠标单击菜单项，或在打开菜单后，按菜单命令项后面带下划线的字母键，或按快捷键。

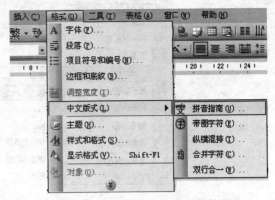

图 2.2-21 菜单栏及其联级菜单图

2. 控制菜单

应用程序窗口、文档窗口都有控制菜单图标。控制菜单图标位于窗口标题栏的左侧，用鼠标单击后显示如图 2.2-22 所示的控制菜单。控制菜单主要提供了对窗口的移动、大小、最大化、最小化及关闭窗口等功能。

3. 快捷菜单

快捷菜单是 Windows XP 提供给用户的一种即时菜单，它为用户的操作提供了更为简单、快捷的工作方式。当鼠标指针指向某一对象，单击鼠标右键后屏幕将显示如图 2.2-23 所示的快捷菜单。快捷菜单中的菜单命令是根据当前的操作状态而定的，操作对象不同，环境状态不同，快捷菜单也有所不同。

图 2.2-22 控制菜单

图 2.2-23 快捷菜单

4. 菜单的约定

如图 2.2-24 所示，在菜单中用一些特殊符号或显示效果来标识菜单命令的状态。

1）分隔横线 表示菜单命令的分组。

2）灰色菜单命令 表示在目前状态下该命令不起作用。

3）省略号… 表示选择该命令后会显示一个对话框，以输入命令所需要的相关信息。

4）选择符√ 表示这个菜单命令是一个逻辑开关，并且正处于被选中使用状态。

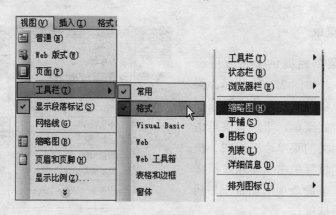

图 2.2-24　菜单命令中的约定

5）选择符●　表示这个菜单命令在一组单选菜单项组中处于被选中使用状态。同一时刻同一组单选菜单项组中有且必须有一个菜单项被选中。

6）箭头　表示该菜单命令下还有一层子菜单，称为下级菜单或联级菜单。为了简化表示多级菜单的菜单命令用"/"分隔依次连续标识。

7）热键　位于菜单命令名右边，用带有下划线的一个字母标识，表示用键盘选择该菜单项时，只需按一下该字母。

8）快捷键　位于菜单命令的最右端，表示选择这个命令时只要这个快捷键就可以。

5. 菜单的基本操作

菜单的基本操作有打开菜单、选中菜单项和撤销菜单等。

1）打开菜单和选中菜单项　用鼠标单击窗口中菜单栏上的菜单名，就会打开该菜单，用鼠标单击菜单项来选中该项，也可以同时按下 Alt 键和菜单项中带下划线的字母来选中；还可以用光标移动键将光标亮条移到菜单项上，然后按回车键来选中。

2）撤销菜单项选择　打开菜单以后，如果不想选取菜单项，则可以在菜单框外的任何位置上单击鼠标，撤销该菜单。

▶ 2.2.5　对话框的组成与操作

如果选择了后面有"…"标记的菜单命令或命令按钮，Windows XP 会弹出一个对话框。对话框是一种特殊的窗口，是应用程序与用户进行交互的基本界面之一。常见对话框的组成如图 2.2-25 所示。对话框中的组件有文本框、列表框、下拉列表框、单选框、复选框等。

【例 2.7】　启动"写字板"应用程序，输入文字后，选择"文件/保存"菜单命令保存文件。选择"文件/页面设置"菜单命令和 "文件/打印"菜单命令进行页面设置和打印设置。掌握对话框中的文本框、列表框、下拉列表框、单选框、复选框、标签等组件的使用。

（1）文本框

文本框用于输入文字信息。当鼠标指针移至文本框时，鼠标指针变成 I 形状，用鼠标在文本框内单击，在单击处显示一个闪烁的光标即插入点，这时在此处输入文字信息。

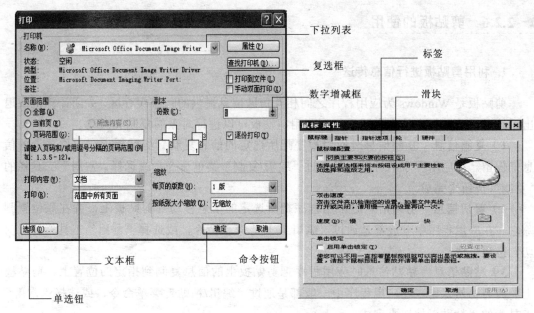

图 2.2-25　对话框组成

（2）单选框

单选框用来在一组可选项中选择其中一个。单选框的选项前有一个圆圈，被选择的选项前圆圈中间有一个圆点。用鼠标单击圆圈可以改变选择。

（3）复选框

复选框用来在一组可选项中选择其中若干个。复选框的选项前有一个方框，被选择的选项前方框中有一个"√"。用鼠标单击方框可以改变选择。

（4）命令按钮

单击命令按钮就表示要执行该项操作。

（5）列表框

列表框用来在对象（如文件、字体等）列表中选择其中一个。如果列表框容纳不下所显示的对象，列表框还会有滚动条。

（6）下拉列表框

下拉列表框也是一种列表框，只是其列表平时是收缩起来的。当用鼠标单击其右侧的"▼"按钮，列表框才会显示出来。

（7）标签

单击标签，弹出对应的选项卡。

（8）"?"按钮

单击标题栏中的"?"按钮，可以在对话框中获得帮助信息。

▶ 2.2.6　剪贴板的使用

1．利用剪贴板进行信息传送

剪贴板是 Windows 为应用程序之间相互传送信息提供的一个缓存区。关闭计算机或退出系统时，剪贴板中的内容即丢失。利用剪贴板可以进行对象的复制和移动。

1）复制信息　复制信息时应用程序把所选定的信息复制到剪贴板上，原位置上的信息仍保留。在应用程序中一般都是通过"编辑/复制"菜单命令，或选择"常用"工具栏的"复制"按钮来完成。

2）剪切信息　剪切信息时应用程序把所选定的信息移动到剪贴板上，并在原位置删除它。在应用程序中一般都是通过"编辑/剪切"菜单命令，或选择"常用"工具栏的"剪切"按钮完成。

3）粘贴信息　粘贴信息时应用程序把剪贴板上的信息复制到指定的位置上，剪贴板上的内容仍然保留。在应用程序中一般都是通过"编辑/粘贴"菜单命令，或选择"常用"工具栏的"粘贴"按钮来完成。

2．保存屏幕、窗口内容到剪贴板

【例 2.8】　新建写字板文件，分别将 Windows 屏幕和当前活动窗口复制到文件中。

需掌握的要点：

① 利用键盘上的 PintScreen 键和 Alt+PintScreen 键复制屏幕和活动窗口到剪贴板。

② 利用"编辑/粘贴"命令复制到文件中，如图 2.2-26 所示。

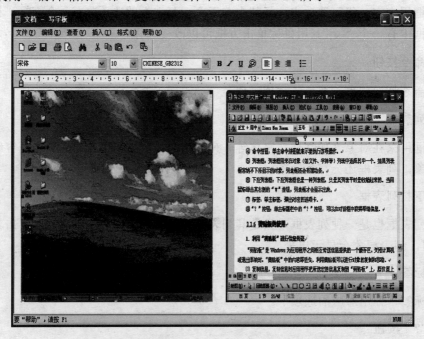

图 2.2-26　将整个桌面和活动窗口复制到文档中

▶ 2.2.7 Windows XP 中文输入方法

1. 中文输入法的选择

中文 Windows XP 系统默认状态下，为用户提供了全拼、微软拼音及智能 ABC 等多种汉字输入方法。在任务栏右侧的公告区显示有输入法图标，如图 2.2-27 所示。用户可以使用鼠标法或键盘法选用、切换不同的汉字输入法。

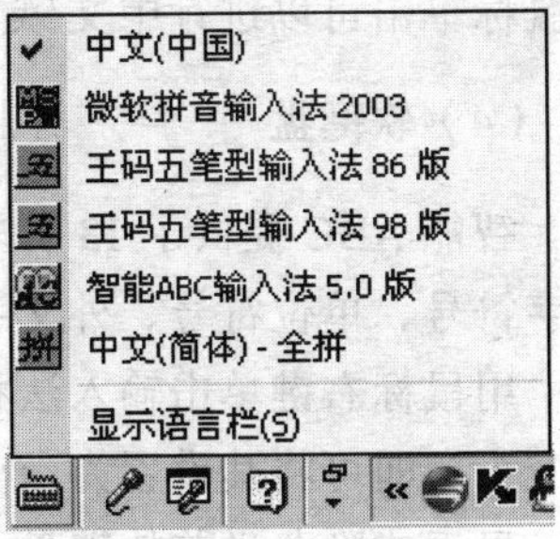

（1）鼠标法

用鼠标单击任务栏右侧的输入法图标，将显示输入法菜单。在输入法菜单中选择输入法图标或其名称即可改变输入法，同时在任务栏显示出该输入法图标和次图标，并显示该输入法状态栏，如图 2.2-28 所示。如果没有显示输入法状态栏，可单击输入法图标左侧的输入法次图标，在其菜单中选择"显示输入法状态"，使其前面有"√"号。

图 2.2-27 输入法图标与菜单

（2）键盘切换法

① 按 **Ctrl+Shift** 组合键切换输入法。每按一次 **Ctrl+Shift** 组合键，系统按照一定顺序切换到下一种输入法，这时在屏幕上和任务栏上改换成相应输入法的状态窗口和图标。

② 按 **Ctrl+Space** 组合键完成中文/英文输入法之间的切换。

2. 汉字输入法状态的设置

图 2.2-28 是智能 ABC 输入法状态栏，从左至右各按钮名称依次为：中文/英文切换按钮、输入方式切换按钮、全角/半角切换按钮、中文/英文标点符号切换按钮和软键盘按钮。

图 2.2-28 输入法状态栏

（1）中文/英文切换

中文/英文切换按钮显示 A 时表示英文输入状态，显示输入法图标时表示中文输入状态。用鼠标单击可以切换这两种输入状态。

（2）全角/半角切换

全角/半角切换按钮显示一个满月表示全角状态，半月表示半角状态。在全角状态下所输入的英文字母或标点符号等占一个汉字的位置。用鼠标单击全角/半角切换按钮进行全角/半角切换，也可按 **Shift+Space** 组合键进行切换。

（3）中文/英文标点切换

中文/英文标点切换按钮显示"。，"表示中文标点状态，显示"．，"表示英文标点状态。用鼠标单击可以进行中文/英文标点切换，也可按 Ctrl+．组合键进行切换。

（4）软键盘

智能 ABC 提供了 13 种软键盘，使用软键盘可以输入汉字、中文标点符号、数字序号、数字符号、单位符号、外文字母和特殊符号等。

用鼠标右键单击输入法状态栏的"软键盘"按钮即可显示软键盘菜单，用鼠标单击其中一个，即可将其设置为当前软键盘。用鼠标左键单击输入法状态栏的"软键盘"按钮，可以显示或隐藏当前软键盘。软键盘菜单与 PC 软键盘如图 2.2-29 所示。

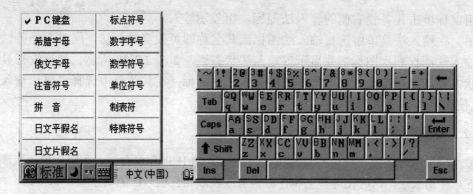

图 2.2-29　软键盘菜单与 PC 软键盘

3. 汉字输入的过程

（1）选择中文输入法

选择"智能 ABC"输入法或"五笔字型"输入法。

（2）输入汉字编码

输入汉字时应在英文字母的小写状态。当输入了对应汉字的编码时，屏幕将显示输入窗口，输入后按空格键，屏幕将显示出该汉字编码的候选汉字窗口，图 2.2-30 所示的是利用智能 ABC 输入法输入拼音字母 zhong，按空格键后在候选汉字窗口显示了所对应的汉字。如果汉字编码输入有错，可以用退格键修改，用 Esc 键放弃。

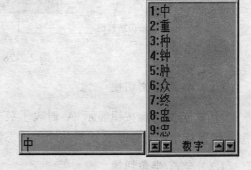

图 2.2-30　中文输入编码窗口

（3）选取汉字

对显示在候选汉字窗口中的汉字，使用所需汉字前的数字键选取，例如在图 2.2-30

所示的窗口中要选取"众"字,可以键入数字键"6",也可用鼠标单击"众"字,候选汉字中的第一个汉字也可以用空格键选取。如果当前列表中没有需要的汉字,使用"+"或"["键向前翻页,用"-"或"]"键向后翻页,或用鼠标单击候选汉字窗口中的下一页或上一页按钮进行翻页,直至所需汉字显示在候选汉字窗口中。

4. 智能 ABC 输入法

智能 ABC 输入法是 Windows XP 中一种比较优秀的输入方法,它提供了标准(全拼)和双拼两种输入方式,使用非常灵活方便。智能 ABC 输入法提供了 6 万多条词组的基本词库,输入时只要输入词组的各汉字声母即可。智能 ABC 输入法提供了一个颇具"智能"特色的中文输入环境,可以对用户一次输入的内容自动进行分词,并保存到词库中,下次即可按词组输入了。

(1)单字输入

按照标准的汉语拼音输入所需汉字的编码,其中"ü"用"v"代替。按空格键后即可在候选窗口中选择所需汉字。

(2)词组输入

将词组中每个汉字的全拼连在一起就构成了该词的输入编码,如特殊(teshu)、计算机(jisuanji)、举一反三(juyifansan)等。由于某些汉字、词组的全拼连在一起后系统无法正确识别分词,例如,要输入"长安"两个汉字,若输入编码"changan",系统将理解为"产"等单字。为此,可以使用隔音符号"'",输入编码"chang'an"即可得到"长安"两个汉字。在输入词组或语句时,如果系统无法正确分词,可以使用退格键"←"强制分词。对于已有的词组,输入时可以只输入其各字的第一个字母,例如计算机(jsj)、中华人民共和国(z'hrmghg)等。

▶ **2.2.8 Windows XP 的帮助系统**

Windows XP 为用户提供了一个易于使用和快速查询的联机帮助(Help)系统。通过帮助系统可以获得使用 Windows XP 及其应用程序的有关信息。

1. 获取帮助的方法

获取帮助经常使用以下四种方法:
① 选择"开始/帮助和支持"菜单命令;
② 选择应用程序的"帮助"菜单,获取对该应用程序及其操作的帮助信息;
③ 按 F1 键获取对该应用程序的帮助信息;
④ 在应用程序中使用常用工具栏所提供的"Office 助手"等按钮,获取屏幕各对象及其操作的帮助信息。

2. Windows XP 帮助形式

选择"开始/帮助和支持"菜单命令,即可打开 Windows XP 帮助窗口,如图 2.2-31 所示。该窗口以 Web 页的形式向用户提供联机帮助，在主页上用户可以方便地选择系统提供的一个帮助主题。在搜索输入框中输入需要求助的内容后单击右边的箭头按钮，可以得到相关的帮助。

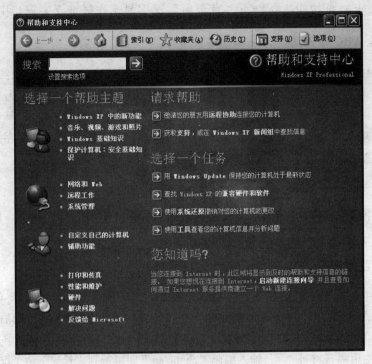

图 2.2-31　Windows 帮助窗口

2.3　Windows XP 资源管理

对于十分庞杂的磁盘中的文件系统，必须要能够对所有的文件（夹）进行快速、有序的管理。在 Windows XP 中，管理文件（夹）的工作主要由"Windows 资源管理器"、"我的电脑"、"我的文档"等来完成。

▶ 2.3.1　文件和文件夹的概念

1. 文件的概念

文件是一组被命名的、存放在存储介质上的相关信息的集合。Windows XP 操作系统将各种程序和文档以文件的形式进行管理。

2. 文件的命名

每个文件都有自己的文件名称，Windows XP 操作系统就是按照文件名来识别、存取和访问文件的。文件名由文件主名和扩展名（类型符）组成，两者之间用"."（小数点）

分隔。文件主名一般由用户自己定义，文件的扩展名标识了文件的类型和属性，一般都有比较严格的定义。

为便于查找文档，可以使用具有描述性的长文件名。文件的完整路径（包括服务器名称、驱动器号、文件夹路径、文件名和扩展名）最多可包含 255 个字符。文件名中不能包含以下字符："/"（正斜杠）、"\"（反斜杠）、">"（大于号）、"<"（小于号）、"*"（星号）、"?"（问号）、"""（引号）、"|"（竖线）、":"（冒号）或";"（分号）。

Windows XP 中文件名的命名规则如下：

①　文件名的长度最大可以达到 255 个 ASCII 字符。

②　这些字符可以是字母、空格、数字、汉字或一些特定符号；英文字母不区分大小写；但不能有以下符号："""、"|"、"\"、"<"、">"、"*"、"/"、":"、"?"。

③　忽略文件名开头和结尾的空格。

④　在长文件名中可以包含多个文件扩展名。

3. 文件类型和文件图标

文件都包含着一定的信息，而根据其不同的数据格式和意义使得每个文件都具有某种特定的文件类型。Windows 利用文件的扩展名来区别每个文件的类型。

在 Windows 中，每个文件在打开前是以图标的形式显示的。每个文件的图标可能会因其类型不同而有所不同，而系统正是以不同的图标来向用户提示文件的类型。Windows XP 能够识别大多数常见的文件类型，其中一些基本类型如表 2.3-1 所示。

表 2.3-1　　　　　　　　　　　　文件基本类型及其扩展名

文　件　类　型	扩　展　名	文　件　类　型	扩　展　名
命令程序	.COM	帮助文件	.HLP
可执行程序	.EXE	位图图像	.BMP
有格式文本	.DOC	声音	.WAV
无格式文本	.TXT		

4. 文件夹的概念

为了能对磁盘中数量庞大的文件进行有效、有序的管理，Windows XP 继承了 DOS 的目录概念，将其称为文件夹。文件夹的内容就是存储在该文件夹下的文件和下级文件夹。Windows 系统通过文件夹名来访问文件夹。

有了文件夹，文件就可以分文件夹存放。当需要搜索一个文件时，在所对应的文件夹中搜索即可，而不是在整个磁盘中搜索，这样就大大减少了检索工作的盲目性，提高了检索效率。如果把磁盘看作是一个文件柜，那么文件夹就像分类文件的标签。

Windows 中的文件夹不仅表示了目录，还可以表示驱动器、设备、"公文包"甚至是通过网络连接的其他计算机。如图 2.3-1 所示的即是 Windows 将整个计算机视为一个文件夹（称为桌面文件夹），"我的电脑"、"网上邻居"、"回收站"等都是桌面文件夹的子文件夹。在图 2.3-2 所示"我的电脑"文件夹中，包括了光驱、硬盘上的逻辑驱动器等下级文件夹。在图 2.3-3 所示驱动器 C：的文件夹中，可以看到 C：驱动器中的各个文件夹，而这些文件夹是真正意义上的目录。

图 2.3-1 "桌面"文件夹　　　　图 2.3-2 "我的电脑"文件夹

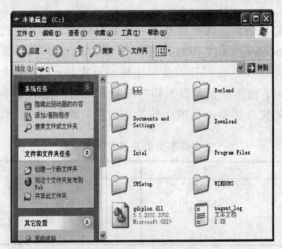

图 2.3-3 C：驱动器文件夹

▶ 2.3.2 Windows 资源管理器窗口及使用

Windows XP 的资源管理器，主要用于搜索、复制和移动文件（夹），格式化磁盘，以及执行其他资源管理的任务。

1. 启动资源管理器

启动资源管理器有多种方法。常用的有两种方法：

① 选择"开始/所有程序/附件/Windows 资源管理器"菜单命令。屏幕显示如图 2.3-4 所示的窗口。

② 右键单击"开始"按钮，在其快捷菜单中选择"资源管理器"。启动后，屏幕显示如图 2.3-5 所示的窗口。

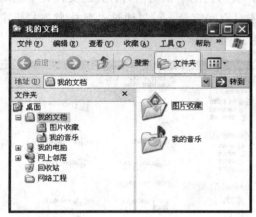

图 2.3-4　用方法①启动资源管理

图 2.3-5　用方法②启动资源管理

2. 左右窗格的大小

"资源管理器"窗口工作区包含了两个小区域。左边小区域称为文件夹区,它以树形结构表示了桌面上的所有对象,包括桌面、我的电脑、网上邻居、回收站和各级文件夹等对象;右边小区域称为内容区,它显示出左边小窗口被选定文件夹(文件夹呈打开状)的内容。可以用鼠标光标拖动左右区域之间的分隔线调整左右窗口的大小。

被选定文件夹的图标及描述则显示在地址栏的文本框中。当文件夹区不能显示完整的树形结构,或者内容区不能显示全部内容时,可以利用滚动条显示所需的内容。

3. 隐藏文件(夹)的查看

在内容区查看文件信息时,可能某些类型的文件被隐藏,如果要使其显示,可以通过"工具/文件夹选项"菜单命令选择是否显示,在如图 2.3-6 所示的"文件夹选项"对话框的"查看"选项卡中进行设置。

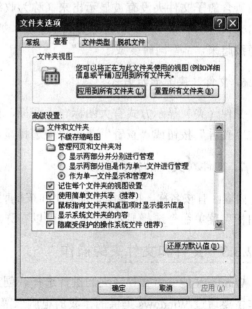

图 2.3-6　"文件夹选项"对话框
"查看"选项卡

4. 工具栏和状态栏的显示和隐藏

若"资源管理器"窗口没有显示工具栏，选择"查看/工具栏/标准按钮"菜单命令即可显示或隐藏工具栏。

"资源管理器"窗口的底部有一个状态栏，状态栏用于说明当时打开的文件夹中的对象个数，所占用的磁盘空间容量，以及剩余的磁盘空间容量。可以通过"查看/状态栏"菜单命令选择状态栏的显示与否，如图 2.3-7 和图 2.3-8 所示。

 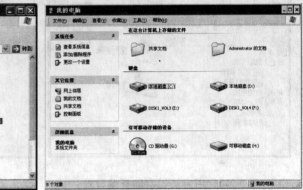

图 2.3-7　工具栏和状态栏的显示　　　　图 2.3-8　工具栏和状态栏的隐藏

5. 扩展和收缩文件夹树

在图 2.3-5 所示资源管理器窗口的文件夹区中，文件夹图标前有"+"号，表示该文件夹中所含的子文件夹没有被显示出来（称为收缩），单击"+"号，其子文件夹结构就会显示出来（称为扩展），"+"同时变成了"-"。类似地，单击"-"号，其子文件夹结构就会被隐藏起来，"-"同时变成了"+"。

6. 文件（夹）显示方式

文件（夹）显示方式有大图标、小图标、列表、详细资料、缩略图等方式。通过工具栏的"查看"按钮或"查看"菜单项来选择显示方式。

7. 文件（夹）的排列次序

内容区有按名称、按类型、按大小和按日期四种次序显示文件信息。可以通过"查看/排列图标"菜单命令选择显示次序，也可以在详细资料显示方式下单击对应项目名称选择。

▶ **2.3.3　文件和文件夹的操作**

Windows 能够对文件（夹）进行选择、创建、修改、复制、移动和删除等操作。这些操作主要通过 Windows 提供的"我的电脑"、"资源管理器"、"我的文档"等来完成。

【例 2.9】完成下列操作：

① 在 D 盘根目录建立一个名为"计算机学习资料"的文件夹，并将 C 盘"Windows"

文件夹中的"Help"文件夹及其中的文件复制到"计算机学习资料"文件夹中。

②　将"Help"文件夹改名为"帮助"并将其属性改为"只读"属性，删除"计算机学习资料"文件夹。

③　在本机中搜索 mspaint.exe，并在桌面上创建快捷方式，并命名为"画图"。

1. 创建新文件夹

首先打开要创建文件夹的父文件夹；然后选择"文件/新建/文件夹"菜单命令，或在文件夹内容区的空白处单击鼠标右键，在其快捷菜单中选择"新建/文件夹"菜单命令；再对所建立的文件夹图标，将其原名称"新建文件夹"改成一个新的文件夹名称即可。

2. 选择文件（夹）

在 Windows 中，一般都是先选定要操作的对象，再对选定的对象进行处理。在文件夹内容区选定文件（夹）的基本方法有以下几种，被选定的文件（夹）呈反相显示。

1）选择一个文件（夹）　用鼠标单击所需的文件（夹），即可选定该文件（夹）。

2）选择多个文件（夹）　先选择第一个文件（夹），然后按住 Shift 键不放，再单击最后一个。

3）选择不连续的多个文件（夹）　先选择一个文件（夹），然后按住 Ctrl 键不放，再依次单击要选择的其他文件（夹）。

4）选择全部文件（夹）　选择"编辑/全部选定"菜单命令，或按 Ctrl+A 快捷键。

5）反向选择文件（夹）　先选定不需要的文件（夹），再选择"编辑/反向选择"菜单命令。

对于所选定的文件（夹），再按住 Ctrl 键不放，单击某个已选定的文件（夹），即可以取消对该文件（夹）的选定；如果单击文件（夹）列表外任意空白处可取消全部选定。

3. 移动和复制文件（夹）

1）使用鼠标拖放　选定要移动或复制的文件（夹），用鼠标拖动所选定的文件（夹）图标到目标文件夹图标或窗口中，松开鼠标为移动；若按住 Ctrl 键不放，用鼠标拖动要复制的文件（夹）图标到目标文件夹图标或窗口中，松开鼠标为复制。

2）利用剪贴板　选定要移动或复制的文件（夹），选择"剪切"命令，打开目标文件夹窗口选择"粘贴"命令为移动；若选择"复制"命令，打开目标文件夹窗口选择"粘贴"命令为复制。

3）发送法　选定要复制的文件（夹），选择"文件/发送到"菜单命令，或右键单击该对象，选择弹出的快捷菜单中"发送到"命令，在下一级菜单中选择发送位置。

4. 文件（夹）重命名

给文件（夹）重命名十分方便，只要将文件（夹）图标显示出来，用鼠标在要改名的对象上单击右键，然后在其快捷菜单上选择"重命名"命令，选中的文件（夹）的名称就会变成一个文本输入框。在文本框中输入对象的新名字，然后按回车键即可。更为简便的方法是用鼠标二次单击对象，就可出现文本输入框。

5. 设置文件（夹）属性

选定要设置属性的文件（夹），选择"文件/属性"菜单命令，或右键单击该对象，在弹出的快捷菜单中选择"属性"命令，在弹出的快捷菜单中进行设置。

6. 删除文件（夹）

删除操作一定要慎重，应能保证所删除的将不再有用。删除时，先打开包含要删除的文件（夹）的文件夹，选定要删除的对象，再选用以下几种方法中的一种来删除它。

① 把要删除的文件（夹）的图标用鼠标拖到回收站图标中。

② 按 Delete 键。

③ 在要删除文件的图标上单击鼠标右键，在其快捷菜单中选择"删除"菜单命令。

除非是将文件直接拖入回收站中，否则 Windows XP 为了慎重起见都会要求确认。

对于计算机硬盘上所删除了的文件（夹），Windows XP 并没有真正将其从磁盘中删除，而是存入"回收站"。可以从回收站将其恢复，或是彻底从磁盘中删除。

7. 搜索文件（夹）

当创建了许多文件（夹）之后，搜索某个文件（夹）的功能就显得非常重要。可以使用"开始/搜索"菜单命令进行搜索。若要搜索一组文件，还可使用通配符"*"和"?"。其步骤如下：

① 选择"开始/搜索"菜单命令，屏幕显示如图 2.3-9 所示的"搜索结果"窗口。

② 选择要查找的信息类型，在"名称"文本框中输入要搜索的文件名，文件名中可以使用通配符来替代不知道的字符。例如，为了搜索以字符 z 打头的文件（夹），可输入 z*；为了搜索文件（夹）名字中有字符 3 的所有文件（夹），可输入*3*；为了搜索以字符 Q 结束的文件（夹），可输入*Q。

③ 在"搜索"文本框中输入搜索的范围。例如在整个 C 驱动器搜索，输入 C:，并选中"包括子文件夹"。

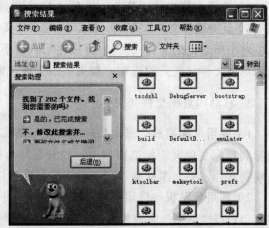

图 2.3-9 "搜索结果"窗口

④ 单击"搜索"按钮开始搜索，搜索结果将显示在"搜索结果"窗口中。

8. 创建文件(夹)快捷方式

在"资源管理器"、"我的电脑"或其他文件夹创建快捷方式的一种方法是用鼠标右键单击要建立快捷方式的对象图标，在其快捷菜单中选择"创建快捷方式"菜单命令，Windows XP 将为该文件生成一个快捷方式图标文件。

另一种方法是：选择"文件/新建/快捷方式"菜单命令，在弹出的对话框中操作完成。

9. 打开文件夹中的文件

为了打开文件夹中的文件，可以双击内容窗口中该文件的图标或者选择"文件/打开"菜单命令。若此文件是一个应用程序，则启动该程序；若此文件是一个文档，则 Windows 会自动打开处理该文档的应用程序，然后装入该文档进行处理。如果该文件的类型 Windows 不能识别，屏幕将显示"打开方式"对话框，在"选择要使用的程序"列表中选择处理此文档的应用程序。也可以选择文件快捷菜单"打开"命令打开该文件。

10. 打印文档

为了打印一个文档，首先应选定这个文档，然后选择"文件/打印"菜单命令，或在其快捷菜单中选择"打印"命令，也可以将要打印的文档直接"拖"到文件夹窗口的"打印机"图标上。打印时，Windows 将首先打开处理该文档的应用程序，然后打印该文档。

11. 格式化磁盘

【例 2.10】 对软盘进行格式化，并复制系统文件。

在"资源管理器"的文件夹区中用鼠标右键单击该磁盘的图标，在其快捷菜单中选择"格式化"命令，屏幕显示如图 2.3-10 所示的"格式化"对话框。在对话框中设定磁盘的容量、文件系统格式、卷标以及是否执行"快速格式化"等选项之后，单击"开始"按钮，即执行格式化操作。

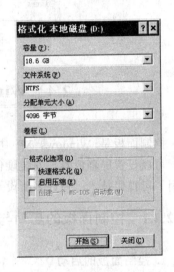

图 2.3-10 "格式化"对话框

注意：不能格式化有 Windows 目录的磁盘，如果企图这样做，Windows 将显示出一个对话框，告诉不能格式化的理由。

▶ 2.3.4 "我的电脑"

双击桌面上"我的电脑"图标。屏幕显示"我的电脑"窗口，如图 2.3-11 所示。

"我的电脑"是磁盘驱动器以及其他硬件的管理工具，使用它可以简洁而直观地管理软、硬驱动器上的文件（夹）。在"我的电脑"窗口中包含用户计算机上的所有驱动器、控制面板等图标。

单击某个图标可以在"我的电脑"左边栏目中显示该图标的提示信息。双击相应的图标即可进一步浏览特定驱动器中的文件（夹）、系统设置和打印机信息。

例如，双击 C：图标时，在"我的电脑"窗口上出现另一个窗口，即显示 C：盘文件夹和文件的窗口。

在"我的电脑"等窗口中进行文件（夹）的复制、移动、删除、查看并更改文件属性等操作时，与"资源管理器"基本相同。

图 2.3-11 "我的电脑"窗口

2.4　Windows XP 系统管理与配置

　　控制面板是 Windows XP 中用来设置系统配置和特性的一组应用程序。利用控制面板，可以设置屏幕色彩、安装硬件和程序，设置键盘、鼠标的特性等，在设置中还广泛地使用了可视化技术，使许多所设置的结果或变动能立即在预览窗口中显示。

▶ 2.4.1　控制面板的启动与功能

1. 控制面板的启动

　　可以选择下列方法之一打开控制面板，在控制面板中对相关选项的设置进行修改。

　　① 在桌面上双击"我的电脑"窗口，在"我的电脑"窗口中单击"控制面板"图标。

　　② 选择"开始/控制面板"菜单命令。

　　无论使用何种方法启动控制面板，屏幕都将显示如图 2.4-1 所示的"控制面板"窗口。

2. "控制面板"的设置项目

图 2.4-1 "控制面板"窗口

　　1）日期和时间　用于设置系统的日期和时间以及时区。

　　2）显示　用于设置桌面的颜色、墙纸方案以及桌面上其他对象的颜色，可以控制显示器分辨率以及其他有关显示器的特性。

　　3）键盘　用于键盘双击速度，光标闪烁速率，键盘能够使用的语言，以及所用键盘类型的设置。

4）**电话和调制解调器选项** 用于安装和配置电话与调制解调器。

5）**鼠标** 用于设置鼠标各项选择，如使用左手或右手方案、鼠标指针的形式等。

6）**声音和音频设备** 用于给各种系统事件配置声音和设置多媒体设备，如音频设备、视频设备、音频 CD 和音量控制等。

7）**Internet 选项** 用于设定网络名、工作组和有关安全性选择，同时可以安装和配置网络卡、网络协议和服务器。

8）**添加硬件** 用于启动增加新设备向导，该向导指导用户安装新设备的全过程。

9）**打印机和传真** 用于启动增加打印机向导，引导用户安装新打印机的全过程。

10）**区域和语言选项** 用于设置数字、日期、时间和货币的格式，以及有关区域的参数。

11）**字体** 用于为屏幕显示和打印机输出增加或删除字体，可以查看各种字体的示例。

12）**添加或删除程序** 用于安装或删除非 Windows 程序、Windows XP 组件。

13）**辅助功能选项** 用于有残疾的用户设置筛选键、鼠标键、声音卫士等功能。

14）**系统** 用于了解系统的性能以及硬件配置情况和管理设备等。

15）**用户账号** 用于设置多人使用方式及每人登录的口令等。

当要进行某项设置时，应双击对应程序图标，在其窗口或对话框中进行具体设置。

▶ 2.4.2 常见的几种"控制面板"项目的设置

1. 日期和时间

【**例 2.11**】 设置系统的日期为 2009 年 3 月 1 日，时间为 8:00，时区为北京。

操作步骤：在控制面板中双击"日期和时间"图标，即可打开如图 2.4-2 所示的"日期和时间属性"对话框。在其"日期和时间"选项卡上可以设置系统的日期和时间；在"时区"选项卡上可以设置系统的时区。

2. 显示器属性设置

在"控制面板"窗口中双击"显示"图标，打开"显示 属性"对话框。选择"主题"选项卡，可以设置 Windows 窗口的主题样式。在如图 2.4-3 所示的"主题"选项卡中进行设置。

图 2.4-2 "日期和时间属性"对话框

图 2.4-3 "主题"选项卡

选择"桌面"选项卡，可以设置桌面的图标和背景图案（墙纸），可以选择适当的图片设为桌面背景，也可以单击"浏览"按钮，在打开的对话框中选择更多的背景文件，选择好之后单击"打开"按钮就把选择的文件加入到背景列表框中，最后再单击"确定"按钮就可以了。在如图 2.4-4 所示的"桌面"选项卡中进行设置。

选择"屏幕保护程序"选项卡，可以设置屏幕的保护程序，其作用是为了保护显示器，即在一段时间内（这个时间可以改变）不操作计算机时，自动执行指定的程序，此时一旦操作计算机，则马上恢复到执行屏幕保护程序之前的状态。在如图 2.4-5 所示的"屏幕保护程序"选项卡中进行设置。

图 2.4-4 "桌面"选项卡　　　　　图 2.4-5 "屏幕保护程序"选项卡

选择"外观"选项卡，可以设置 Windows 窗口和按钮的外观样式、色彩方案和字体大小等。在如图 2.4-6 所示的"外观"选项卡中进行设置。

选择"设置"选项卡，可以设置屏幕分辨率和色彩等。在如图 2.4-7 所示的"设置"选项卡中进行设置。

【例 2.12】 显示属性设置。

① 用画图画一幅画或在本机上搜索一个*.bmp 的图片作为桌面的背景。

② 设置不使用计算机 1 分钟后的屏幕保护程序。

③ 使打开的每个窗口的标题栏都为红色；窗口中的文字的字体为楷体。

④ 调整 Windows 的分辨率为"1024×768"，然后又调为"800×600"像素。

操作步骤：通过控制面板的"显示"图标，在如图 2.4-3、图 2.4-4、图 2.4-5、图 2.4-6 和图 2.4-7 所示的显示对话框中进行设置。可以调整桌面的图案和墙纸，选用屏幕保护程序，以及调整桌面上各种对象显示的大小和色彩，并且在调整时立即预览调整后的效果。

显示器属性的设置还可以通过 Windows XP 桌面的快捷菜单"属性"命令完成。

图 2.4-6　"外观"选项卡　　　　　　　　图 2.4-7　"设置"选项卡

3. 鼠标属性设置

在"控制面板"窗口中双击"鼠标"图标，打开"鼠标属性"对话框。选择"鼠标键"选项卡，可以设置鼠标的左右键功能互换、鼠标双击的速度等。在如图 2.4-8 所示的"鼠标键"选项卡中进行设置。

选择"指针"选项卡，可以设置鼠标的指针形状。在如图 2.4-9 所示的"指针"选项卡中进行设置。

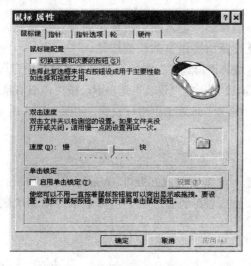

图 2.4-8　"鼠标键"选项卡　　　　　　图 2.4-9　"指针"选项卡

选择"指针选项"选项卡，可以设置鼠标的移动的速度、运动轨迹等。在如图 2.4-10 所示的"指针选项"选项卡中进行设置。

选择"轮"选项卡，可以设置滚动鼠标滑轮一个齿格时信息滚动的情况。在如图 2.4-11

所示的"轮"选项卡中进行设置。

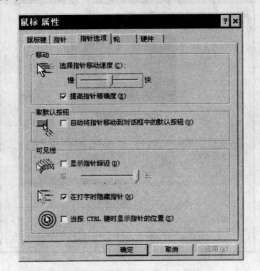

图 2.4-10　"指针选项"选项卡　　　　　图 2.4-11　"轮"选项卡

【例 2.13】　设置鼠标的左手或右手习惯。

具体步骤为：

选择"控制面板/鼠标"命令，打开"鼠标属性"对话框，选择"鼠标键"选项卡，在如图 2.4-8 所示的"鼠标键"选项卡中选中"切换主要和次要的按钮"复选框，再单击"确定"按钮即可。

4. 区域和语言选项设置

【例 2.14】　设置"区域和语言选项"，添加或删除输入法，将选定的输入法设置为系统默认的输入法，启动任务栏中的指示器以及设置切换语言的快捷按键。

操作方法：在"控制面板"窗口中双击"区域和语言选项"图标，打开"区域和语言选项"对话框，选择"语言"选项卡，打开如图 2.4-12 所示的"语言"选项卡，按"详细信息"按钮，在"文字服务和输入语言"对话框中选择"设置"选项卡页进行设置，如图 2.4-13 所示。

5. 添加或删除程序

通过控制面板的"添加或删除程序"设置，可以安装或卸载非 Windows 程序、安装 Windows 组件等。在"控制面板"中选择"添加或删除程序"后，屏幕显示"添加或删除程序"对话框，如图 2.4-14 所示。

（1）更改或删除程序

如果想删除某个应用程序，在"更改或删除程序"选项列表中选择想要删除的程序，然后单击"删除"按钮，即可删除该应用程序的所有信息，如图 2.4-14 所示。

需要注意的是当某个应用程序在"添加或删除程序"中被删除后，必须使用原来的安装盘重新安装才能使它正常工作。仅仅把"回收站"里的文件还原回原文件夹是无效的，

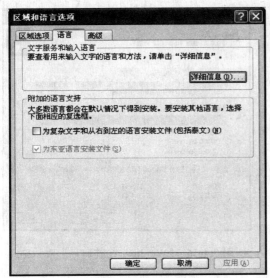

图 2.4-12　"语言"选项卡

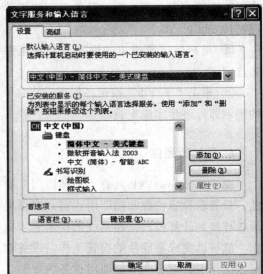

图 2.4-13　"设置"选项卡

因为"开始"菜单中的设置和 Windows 中的记录已经被删除了。

（2）添加新程序

在"添加或删除程序"对话框中选择"添加新程序"选项，如果安装 Windows 应用程序，单击"CD 或软盘"按钮，根据安装向导的提示即可逐步完成该应用程序的安装，如图 2.4-15 所示。

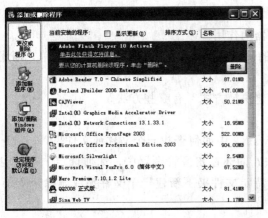

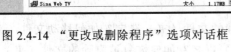

图 2.4-14　"更改或删除程序"选项对话框

图 2.4-15　"添加新程序"选项对话框

（3）添加/删除 Windows 组件

通常情况下，在安装 Windows XP 时都会选择其默认的典型安装模式，其中只有一些最为常用和重要的组件会被安装到用户的计算机上。在使用过程中，用户可能需要使用 Windows XP 的另外一些特殊用途的组件。若想安装这些组件，应当执行下述操作步骤：

① 选择"添加或删除程序"对话框的"添加/删除 Windows 组件"选项，如图 2.4-16

所示。选项前面方框中有对号的表示该组件
已经被安装。

② 用户可以通过单击没有安装的组件
来选定它。

③ 单击"下一步"按钮，根据安装向导
的提示即可逐步完成安装。

6. 添加新硬件

由于 Windows XP 具有"即插即用"功
能，只要新设备符合即插即用规范，直接将
设备连接到计算机，按照系统的提示逐步操
作，就可以完成新硬件的设置工作，设备就
可以工作了。对于非即插即用设备的安装，

图 2.4-16 "Windows 组件向导"对话框

则要在"控制面板"中打开"添加硬件"对话框进行操作。安装新硬件的步骤为：

① 双击控制面板中的"添加硬件"图标，进入"添加硬件向导"对话框。

② 单击"下一步"按钮，根据安装向导的提示，Windows 系统自动进行新硬件检测。

③ 如果搜索到新硬件，则自动进行安装。否则，会提示用户插入硬件驱动盘，指明
程序所在的位置。然后按屏幕提示操作即可逐步完成新硬件安装。

习　　题

一、简答题

1. 如何打开任务管理器？简述任务管理器的作用。

2. 在 Windows XP 中如何打开一个对象的快捷菜单？如何打开窗口的控制菜单？简述
控制菜单中各命令的作用。

3. 什么是快捷方式？可以为哪些对象创建快捷方式？有哪些方法？

4. 获取系统帮助有哪些方法？

5. 简述文件和文件夹的概念。在 Windows XP 中如何查找一个文件或文件夹？

6. 打开与关闭资源管理器各有哪些方法？简述在资源管理器中，如何选定一个特定
的文件夹使之成为当前文件夹，如何在一个特定文件夹下新建一个文件夹或删除一个子
文件夹。

7. 在 Windows XP 中如何进行连续和不连续的文件（夹）选定？如何移动文件（夹）、
复制文件（夹）、删除文件（夹）或为文件（夹）更名？如何恢复被删除的文件（夹）？

8. 介绍在 Windows XP 中执行一个命令或一般应用程序的各种方法。

二、选择题

1. Windows XP 操作系统的"桌面"指的是（　　）。

（A）整个屏幕　　　　　　　　　　（B）全部窗口

（C）某个窗口　　　　　　　　　　（D）活动窗口

2. Windows XP 任务栏上的内容为（　　　）。

（A）当前窗口中图标　　　　　　　（B）已启动并正在执行的程序名

（C）所有已打开的窗口的图标　　　（D）已经打开的文件名

3. 当一个应用程序窗口被最小化后，该应用程序将（　　　）。

（A）被终止执行　　　　　　　　　（B）继续在前台执行

（C）被暂停执行　　　　　　　　　（D）被转入后台执行

4. 在 Windows XP 中，单击最小化按钮后（　　　）。

（A）当前窗口消失　　　　　　　　（B）当前窗口被关闭

（C）当前窗口缩小为图标　　　　　（D）打开控制菜单

5. 对 Windows XP 操作系统，下列叙述中正确的是（　　　）。

（A）Windows XP 的操作只能用鼠标

（B）Windows XP 为每一个任务自动建立一个显示窗口，其位置和大小不能改变

（C）在不同的磁盘空间不能用鼠标拖动文件名的方法实现文件的移动

（D）Windows XP 打开的多个窗口中，既可平铺，也可层叠

6. 关于 Windows XP 的任务栏，下列叙述正确的是（　　　）。

（A）只能改变位置不能改变大小　　（B）能改变大小不能改变位置

（C）既不能改变位置也不能改变大小（D）既能改变位置也能改变大小

7. 下列关于文档窗口的说法中正确的是（　　　）。

（A）只能打开一个文档窗口

（B）可以同时打开多个文档窗口，被打开的窗口都是活动窗口

（C）可以同时打开多个文档窗口，但其中只有一个是活动窗口

（D）可以同时打开多个文档窗口，但在屏幕上只能见到一个文档的窗口

8. Windows XP 中关闭程序的方法有多种，下列叙述中不正确的是（　　　）。

（A）用鼠标单击程序屏幕右上角的"关闭"按钮

（B）按下 Alt+F4 组合键

（C）打开程序的"文件"菜单，选择"退出"命令

（D）按下键盘上的 ESC 键

9. 确定活动窗口的方法有多种，下列叙述中，不正确的是（　　　）。

（A）当前打开的窗口为活动窗口

（B）窗口标题栏上显示的蓝底白字

（C）活动程序的任务栏上的按钮显示为按下状态

（D）插入点光标或其他标志的闪烁，说明这个窗口为活动窗口

10. 判断下列句子在 Windows XP 的叙述中，正确的是（　　　）。

（A）在 Windows XP 中，系统支持长文件名

（B）大多数 Windows XP 程序不允许打开任意多的文档

（C）打开的文档仅在自己的窗口里显示，但不可以作为程序窗口的一部分来显示

（D）如果误操作把选定一块文字删除了，则无法恢复它

11. 下列关于"回收站"的叙述中，错误的是（　　　）。
    （A）"回收站"可以暂时或永久存放硬盘上被删除的信息
    （B）放入"回收站"的信息可以恢复
    （C）"回收站"所占据的空间是可以调整的
    （D）"回收站"可以存放软盘上被删除的信息

12. 在 Windows XP 中，打印方法有多种，其中错误的是（　　　）。
    （A）直接单击工具栏中"打印"按钮
    （B）选择"文件/打印"菜单命令
    （C）按 Ctrl+P
    （D）回到控制面板中，双击"打印机"

13. 不能在任务栏内进行的操作是（　　　）。
    （A）快捷启动应用程序　　　　　　（B）排列和切换窗口
    （C）排列桌面图标　　　　　　　　（D）设置系统日期和时间

14. Windows XP 的任务栏可以放在（　　　）。
    （A）桌面底部　　　　　　　　　　（B）桌面顶部
    （C）桌面左边　　　　　　　　　　（D）以上说法均正确

15. 在 Windows XP 中，关于对话框的叙述不正确的是（　　　）。
    （A）对话框没有最大化按钮　　　　（B）对话框没有最小化按钮
    （C）对话框不能改变形状大小　　　（D）对话框不能移动

16. 剪贴板是计算机系统（　　　）中一块临时存放交换信息的区域。
    （A）RAM　　　　　　　　　　　　（B）ROM
    （C）硬盘　　　　　　　　　　　　（D）应用程序

17. 在资源管理器中，单击文件夹左边的"+"符号，将（　　　）。
    （A）在左窗口中显示该文件夹中的子文件夹和文件
    （B）在左窗口中显示该文件夹中的子文件夹
    （C）在右窗口中显示该文件夹中的子文件夹
    （D）在右窗口中显示该文件夹中的子文件夹和文件

18. 以下叙述中不正确的是（　　　）。
    （A）启动应用程序时可以在其图标上右击，从其快捷菜单上选择"打开"命令
    （B）删除了一个应用程序的快捷方式就删除了相应的应用程序文件
    （C）在中文 Windows XP 中利用 Ctrl+空格键可在中英文输入方式之间切换
    （D）把一个文件图标拖放到另一个驱动器图标上，将在这个磁盘上拷贝这个文件

19. 以下叙述中不正确的是（　　　）。
    （A）在文本区工作时，用鼠标操作滚动条就可以移动"插入点位置"
    （B）所有运行中的应用程序，在任务栏的活动任务区中都有一个对应的图标按钮
    （C）每个逻辑硬盘上"回收站"的容量可以分别设置
    （D）对用户新建的文档，系统默认的属性为存档属性

20. 在选定文件或文件夹后，下列操作中，不能修改文件或文件夹的名称是（　　　）。

（A）选择"文件/重命名"菜单命令，然后键入新文件名再敲回车键

（B）按 F2 键，然后键入新文件名再回车

（C）两次单击文件或文件夹的名称，键入新文件名再回车

（D）双击文件或文件夹的图标，键入新文件名再回车

三、填空题

1. 正确关闭 Windows XP 操作系统的方法是_____。

2. 寻求 Windows XP 帮助的方法之一是从"开始"菜单中选择_____。

3. 在中文 Windows XP 中，为了实现全角与半角状态之间的切换，应按的键是_____。

4. 在"资源管理器"右窗口中，若希望显示文件的名称、类型、大小、修改时间等信息，则应该选择"查看"菜单中的_____命令。

5. 在"资源管理器"中，若对某文件执行了"文件/删除"命令，欲恢复此文件，可以使用_____。

6. 在"资源管理器"窗口中，为了使具有系统和隐藏属性的文件或文件夹不显示出来，首先应进行的操作是选择_____菜单中的"文件夹选项"。

7. 单击窗口的"关闭"按钮后，对应的程序将_____。关闭一个活动应用程序窗口，可按快捷键_____。

8. 可以将当前活动窗口中的全部内容复制到剪贴板中的操作是按下_____。

第3章　Word 2003

Microsoft Office Word 2003 是 Microsoft Office 2003 办公套装软件的一个重要组件。它秉承了 Windows 友好的图形界面、风格和操作方法，并具有强大的文档处理功能，可以实现文本、表格、统计图表和图形等的输入、编辑、排版、打印等工作，是一款优秀的文字处理软件。使用 Word 2003 可以制作出如图 3.0-1 所示的图文并茂的精美文档。

学习目标	● 熟练掌握新建、打开、编辑、保存、打印 Word 文档的基本操作 ● 了解文档查看的五种方式 ● 熟练掌握字符、段落和页面的格式化操作 ● 熟练掌握表格的建立、编辑及表格格式设置的基本方法 ● 熟练掌握表格的公式计算、排序，表格与文本的相互转换 ● 熟练掌握图形的插入与编辑、图文混排的方法 ● 学会公式编辑器的使用

图 3.0-1

3.1 Word 概 述

▶ 3.1.1 Word 2003 的启动与退出

1. Word 的启动

在 Windows 窗口界面中，启动 Word 2003 应用程序的方法有多种：

① 选择"开始\程序\ Microsoft Office \ Microsoft Office Word 2003"命令。

② 双击桌面上的 Word 快捷方式图标。

③ 双击打开某一 Word 文档，也可以启动 Word 并打开文档。

启动后，屏幕将显示如图 3.1-1 所示的 Word 窗口界面。

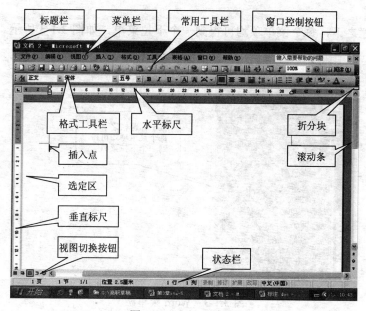

图 3.1-1　Word 窗口

2. Word 的退出

退出 Word 常用的方法有以下几种：

① 单击 Word 窗口右上角的关闭按钮。

② 选择 Word 窗口中"文件/退出"菜单命令。

③ 按快捷键 Alt+F4。

④ 双击 Word 窗口左上角的控制菜单图标。

如果输入或修改了 Word 文档内容，Word 在退出前，将询问是否要保存文档文件，此时可根据需要选择"是"、"否"或"取消"。

▶ 3.1.2 Word 2003 窗口的组成

Word 窗口主要包括标题栏、菜单栏、各种工具栏、标尺、文本编辑区、滚动条和状态栏等，如图 3.1-1 所示。

1. 标题栏

标题栏位于窗口的最上端，如图 3.1-2 所示，左边依次为控制菜单按钮 ▨、文档名称和程序窗口名称，右边依次为 Word 2003 应用程序窗口的三个按钮（最小化按钮、还原按钮、关闭按钮）。双击标题栏可最大化或还原窗口。

第3章xtx-59-bai2-z - Microsoft Word

图 3.1-2 Word 标题栏

2. 菜单栏

位于标题栏之下，每个菜单项均可得到一个下拉菜单，如图 3.1-3 所示。

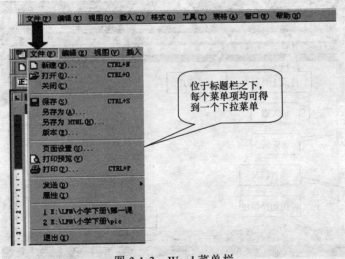

图 3.1-3 Word 菜单栏

3. 工具栏

工具栏由一系列按钮组成，它为用户快速执行常用命令、设置字符和段落格式、调用常用工具提供了方便。虽然这些功能一般都可以用某个菜单命令完成，但图标式的显示和按钮操作显然要比菜单式的操作更为直观、简单、快捷。

"常用"工具栏如图 3.1-4 所示，此外，还有格式、绘图、符号、大纲等多种工具栏。

用户可以根据需要显示或隐藏某个工具栏，其操作方法是：

选择"视图/工具栏"菜单命令，在其级联菜单中选择所需要的工具栏，工具栏名称左侧出现"√"符号，对应工具栏即被显示在窗口上。再次单击"视图/工具栏"菜单命令，清除工具栏名称左侧的"√"符号，即可隐藏该工具栏。

图 3.1-4　"常用"工具栏

　　也可以将鼠标指针指向任意一个工具栏上的空位置，并单击鼠标右键显示"工具栏"快捷菜单来显示或隐藏工具栏，如图 3.1-5 所示。

4. 选定区

　　选定区在文档窗口左侧，是一个竖条形的空白区域，鼠标指针在选定区时，变为向右上的空心箭头，用以对正文部分进行整行大范围的选定。

5. 标尺

　　标尺位于文本编辑区的上边和左边。分水平标尺和垂直标尺两种，水平标尺如图 3.1-6 所示。标尺上有数字、刻度和段落缩进标记，主要用以显示位置和设置页边距、缩进段落、制表位及改变表中的列宽、行高。

6. 滚动条

　　有垂直滚动条和水平滚动条两种。其中的滚动块指示出当前屏幕显示在整个文档中所处的纵、横比例

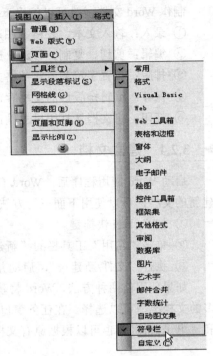

图 3.1-5　工具栏的隐藏/显示

位置。在垂直滚动条中，单击滚动箭头一行一行滚动，在滚动条中空白位置单击，将一屏一屏滚动，拖动滚动块可快速滚动。

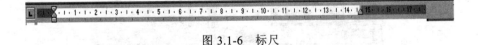

图 3.1-6　标尺

7. 拆分块

　　位于垂直滚动条的上端，可将窗口拆分为两个窗口，用以同时查看文档的不同部分。

8. 状态栏

　　状态栏位于 Word 窗口底部，用以显示当前页状态（所在的页码、节数、当前页数/总页数）、插入点状态（位置、第几行、第几列）、Word 编辑状态（录制、修订、扩展、改写）和语言状态，如图 3.1-7 所示。

| 6页 | 1节 | 6/39 | 位置 21.2厘米 | 32 行 | 1 列 | 录制 修订 扩展 改写 | 🞲 |

图 3.1-7 状态栏

3.2 Word 文档的基本操作

制作 Word 文档一般可以按以下五个步骤进行，实际的顺序可以根据具体情况确定。

① 录入：输入文本、表格、图形等。

② 编辑：剪切、复制、移动、删除、修改文本等。

③ 排版：设置字符和段落的格式，设置文档的打印页面。

④ 保存：编辑排版后的文档存放在磁盘上。

⑤ 打印：将文档从打印机上输出。

▶ 3.2.1 建立文档

启动 Word 应用程序后，Word 自动创建一个名称为"文档 1"的空白文档。如果要创建新的文档，可以使用下面三种方法：

① 按 Ctrl+N 快捷键。

② 单击"常用"工具栏的"新建空白文档"按钮。

③ 执行"文件/新建…"，启动并使用"新建文档"任务窗口。

如果使用前两种方法，Word 将基于通用模板创建新的空白文档；使用方法③，有比较多的文档类型可以选择。在任务窗口格中，可以选择"空白文档"、"XML 文档"、"网页"和"电子邮件"，也可以根据原有文档或模板创建新文档，如图 3.2-1 所示。

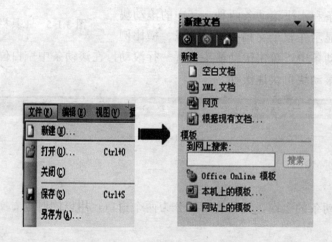

图 3.2-1 "新建文档"任务窗口

1. 根据现有文档创建文档

可以创建一个和原始文档内容完全一致的新文档，具体步骤如下：

① 执行"文件/新建…",打开"新建文档"任务窗口,如图 3.2-1 所示。

② 单击"根据现有文档…"命令,打开"根据现有文档新建"对话框。

③ 在对话框中定位到所要参照的原始文档所在的文件夹。

④ 选择新建文档所基于的文档。

⑤ 单击"创建"按钮。

2. 使用模板创建新文档

利用模板建立新文档是最简单、最直接的方法,容易为初学者理解和接受。用模板创建新文档,具体步骤如下:

① 执行"文件/新建…",打开"新建文档"任务窗口,如图 3.2-2 所示。

② 在"模板"标题下有"本机上的模板",单击则打开"模板"对话框,可以根据需要单击打开"常用"、"报告"、"备忘录"等 9 种选项卡选择模板,如图 3.2-2 所示。

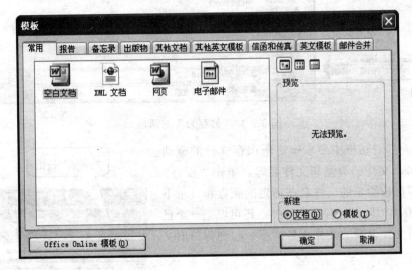

图 3.2-2 "模板"对话框

③ 选择一种具体的模板类型,单击"确定"按钮(或直接双击所需模板的图标),即可新建此类文档。

如果模板类型不能满足要求,还可以选用"Office Online 模板"或"网站上的模板"。在"最近所用模板"中列出了最近使用过的模板类型,直接单击就可以根据该模板创建新文档。

▶ 3.2.2 文档的保存与打开

1. 文档的保存

不论是录入新文件,还是对原有文件做了改动都应该及时保存文件。文档保存可以使用下面几种方法:

① 使用"常用"工具栏上的"保存"按钮。

② 选择"文件/保存"菜单命令。

③ 使用快捷键 Ctrl+S。

④ 选择"文件/另存为"菜单命令。

如果保存的是一个新文件，屏幕显示如图 3.2-3 所示的"另存为"对话框；如果保存的是旧文件则不显示对话框而直接存盘，由所存的新内容取代旧内容。

图 3.2-3 "另存为"对话框

"另存为"对话框中要求确定所保存文件的驱动器、目录名、文件的类型和文件名等。单击"保存"按钮后，即可按给定的文件名在指定的磁盘和目录下存盘。"另存为"除了保存新文件外，还可以把一个已经打开的旧文件以新的文件命名另存，起到备份旧文件的作用。

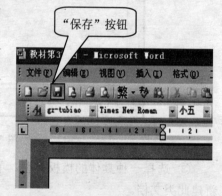

图 3.2-4 保存 Word 文档

在编辑一个 Word 文档时，可随时单击工具栏中的"保存"按钮，如图 3.2-4 所示，养成及时存盘的良好习惯。

随时保存 Word 文档非常重要，有时一个文档可能写了很长时间，万一遇到停电或死机，如果没有存盘，以前所做的工作就会被丢掉。存盘是把工作成果保存在硬盘或软盘上。

Word 有"自动保存"功能。选择"工具/选项"菜单命令，打开"选项"对话框，单击"保存"选项卡，如图 3.2-5 所示。

"自动保存时间间隔"可按设置的时间间隔自动保存文件，以防意外断电等情况造成数据丢失。在发生了非正常退出后，用 Word 再次打开原来的文件，会同时出现一个恢复文档，此时这个恢复文档中保存的就是上次断电时自动保存的所有信息，将原来的文档关闭，再将恢复文档保存为原来的文档就可以最大限度地减小损失。

【**例 3.1**】 启动 Word，录入图 3.2-6 所示的文字，按文件名 WD1.DOC 存到 D 盘根目录下。

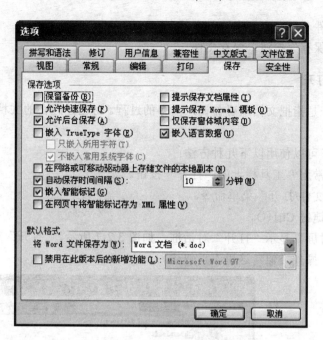

图 3.2-5 "选项"对话框

　　"鱼，我所欲也；熊掌，亦我所欲也。二者不可兼得，舍鱼而取熊掌者也。"古人说这话的意思是告诉我们有时候应懂得放弃，这样才能得到你想要的。否则会因为贪欲，到头来两手空空，一无所有。

　　可现在呢？这句话已经慢慢地变了味道。变成了半途而废者的借口，变成了不愿付出艰辛努力者的理由。而且他们还振振有词：你看老祖宗都说了鱼与熊掌不可兼得，那可是他们的经验之谈呀！不是我不想，不是我无能，不是我不努力，而是鱼与熊掌不可兼得，还是就此罢手吧！

　　这是多好的应对之策。于是，一条小鱼就让你放弃了蔚蓝的大海，一颗星星就让你放弃了浩瀚的宇宙，一株牡丹就让你放弃了美丽的田野……

　　鱼与熊掌真的不可兼得吗？你努力了吗？你投入付出了吗？天下无难事，只怕有心人。只要你认准了目标并勇往直前地走下去，那么总有一天鱼与熊掌都会在你手中。

　　想想吧，你能说日月并存的奇观是天方夜谭吗？你会因害怕失去春天而愿意放弃秋天吗？你会因害怕失去事业而愿意放弃温馨的家吗？

　　我不反对适当的放弃，因为有时放弃是为了更好的得到，但我反对不尝试不努力就放弃，更反对因为害怕因为无能退缩而把放弃作为借口的人。只要你有远大的志向、宏伟的抱负、不达目的誓不罢休的决心，那么鱼与熊掌就完全可以兼得。

图 3.2-6 输入文章

具体操作步骤如下：

① 启动 Word 后，对具有临时名"文档 1"的文档，输入图 3.2-6 所示的内容。

② 选择"常用"工具栏的"保存"按钮，屏幕显示"另存为"对话框。

③ 在"保存位置"的下拉列表中选择"D:\"。

④ 在"文件名"文本框中输入文件名：WD1.DOC。

⑤ 单击"保存"按钮，保存文件。

2. 文档的打开

文档的打开是指把文档从磁盘调入内存的过程。对已经存在的文档，必须先将其打开，才能进行操作。

文档的打开可以使用以下几种方法：

① 使用"常用"工具栏上的"打开"按钮。

② 选择"文件/打开"菜单命令。

③ 使用快捷键 Ctrl+O。

打开文件时屏幕显示"打开"对话框，如图 3.2-7 所示，"打开"对话框与"另存为"对话框的界面、操作类似，这里不再叙述。

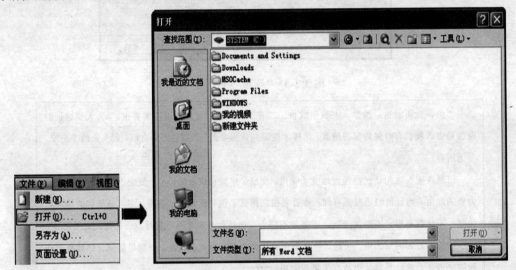

图 3.2-7 "打开"对话框

如果某文档文件最近刚被处理过，Word 会在"文件"菜单的底部将最近四个被打开的文档文件列出，可以在"文件"菜单中直接选择将其打开，这要比其他方法更快捷。

由于 Word 允许对多个文档进行操作，而每个文档被打开在独立的文档窗口中。当多个文档被打开后，在某一时刻只有一个是活动文档（也称为当前文档），所有的编辑操作都是针对活动文档进行的。当前文档的选择与改变，可以用鼠标单击该窗口的可见部分，也可以在"窗口"菜单中选择。

▶ 3.2.3 文档的输入

文档的输入包括文字的输入、标点和特殊符号的输入。

1. 文字的输入

输入文字是文字处理的一项最基本、最经常的操作。输入的内容可能是汉字，也可能是英文，或兼而有之，这就需要在适当的时候正确地转换键盘的输入模式。输入模式的转换如图 3.2-8 所示。

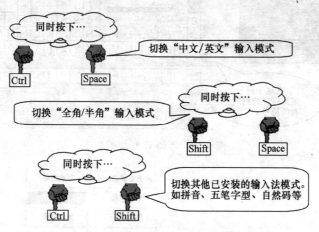

图 3.2-8　输入模式的转换

按 Ctrl+Space 组合键，切换"中文/英文"输入模式。

按 Shift+Space 组合键，切换"全角/半角"输入模式。

按 Ctrl+Shift 组合键，切换其他已安装的输入法模式，如拼音、五笔字型、自然码等。

按 Ctrl+.组合键，切换"中文/英文标点符号"模式。

在输入过程中需要注意：一个自然段落输入完毕后按一次回车键，标识段落结束，一个自然段落的分行工作由系统自动完成。

对于中文段落首行要求空两个汉字的问题，主要依靠以后所介绍的首行缩进完成。

2. 标点和特殊符号的输入

由于汉字的标点符号及一些特殊符号与键盘上的符号不能一一对应，在 Word 中提供了以下几种简单的输入方案供选择。

1）在全角字符状态输入　在全角字符状态下，常用的汉字标点符号都可以用键盘的指定符号键替代输入，如表 3.2-1 所示。

表 3.2-1　　　　　　　　　　　常用的中英文标点符号对照

英文标点	.	\	<	>	" "	' '	^	$
中文标点	。	、	《	》	" "	' '	……	￥

2）利用"插入/符号"菜单命令输入　选择"插入/符号"菜单命令，屏幕将显示"符号"对话框，如图 3.2-9 所示，从中可以选择所需要的各种符号。

3）利用软键盘输入　右击文字工具栏，在其快捷菜单中，选择相应的特殊字符类型，如"数字序号"，将出现软键盘，单击相应键即可输入相应的字符，如图 3.2-10 所示。

4）选择"插入/特殊符号"菜单命令输入　如图 3.2-11 所示。

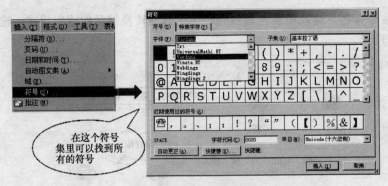

图 3.2-9 "符号"对话框

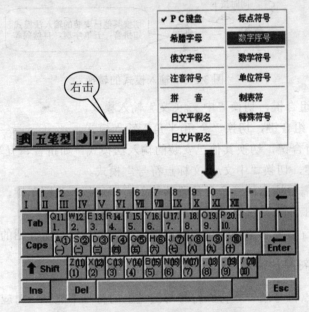

图 3.2-10 软键盘输入字符示意图

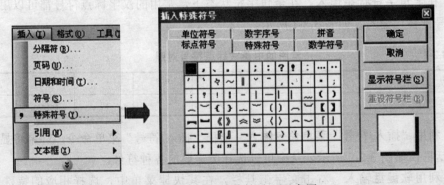

图 3.2-11 "插入特殊符号"示意图

5）利用"符号"工具栏输入 选择"视图/工具栏/符号栏"菜单命令，显示出"符号"工具栏，单击相应的符号即可输入，如图 3.2-12 所示。

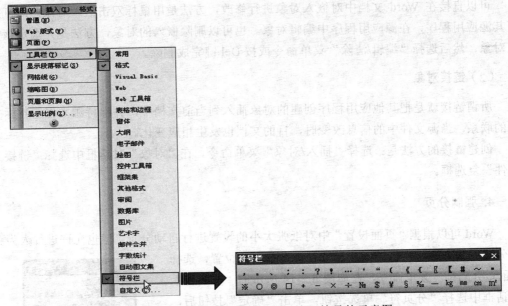

图 3.2-12　利用"符号"工具栏输入符号的示意图

3. 对象的嵌入和链接

选择"插入/对象"、"插入/文件"或"插入/图片"菜单命令，可以将其他应用程序中创建的信息或对象插入到文本中。使用链接和嵌入特性，可以使文档中包含其他应用程序中创建的信息或对象，并使插入的对象成为文档的一部分。

（1）嵌入对象具体操作步骤

① 将插入点置于要嵌入对象的位置。

② 选择"插入/对象"菜单命令，屏幕显示"对象"对话框，如图 3.2-13 所示。

③ 在"新建"选项卡的"对象类型"列表框中选定某种类型，也可以在"由文件创建"选项卡的"文件名"列表框中选择或键入要嵌入的对象名称。

④ 单击"确定"按钮。

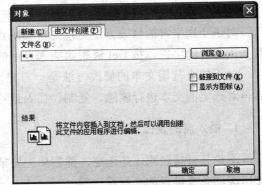

图 3.2-13　"对象"对话框

可以直接在 Word 文档中对嵌入对象进行修改，方法是用鼠标双击嵌入对象，即可打开其源应用程序，在源应用程序中编辑对象。也可以删除嵌入的对象，方法是先选定该嵌入对象，然后选择"编辑/清除"菜单命令或按 Del 键完成删除。

（2）链接对象

所谓链接就是把其他应用程序创建的对象插入到当前文档中，并保持源文档与目标文档的联系，当源文件中的信息改变时，目的文档也发生相应变化。

创建链接的方法是：选择"插入/对象"菜单命令，在"对象"对话框中选择"链接到文件"复选框。

4. 强制分页

Word 可以根据"页面设置"中对纸张大小的设置进行自动分页，但也允许进行人为强制分页，其方法是：将插入点定位在进行分页的位置，选择"插入/分隔符"菜单命令，在如图 3.2-14 所示的"分隔符"对话框中选择"分页符"单选按钮，单击"确定"按钮后，便在插入点前插入分页符进行强制分页。

图 3.2-14 "分隔符"对话框

5. 段落标记的隐藏/显示

段落标记既表示一个段落的结束，同时也包含了该段落的格式化信息。因此，段落标记在一个文档中绝非可有可无，段落标记无论显示与否，它都是存在并产生作用的。控制段落标记的显示/隐藏，可以通过以下两种方法实现。

① 选择"工具/选项"菜单命令，在"选项"对话框的"视图"选项卡中设置"段落标记"项为显示（√）或隐藏。

② 选择"格式"工具栏右侧的 ¶ （显示/隐藏）按钮，切换显示/隐藏段落标记的状态。所不同的是，除了段落标记以外的其他特殊字符也将同时被显示或隐藏。

▶ 3.2.4 文档的编辑

在文档输入过程或输入之后，总会发现一些不妥之处，需要进行编辑修改。

对于个别字符的修改方法是：先将插入点移到要修改的字符前后，按 BackSpace 键删除插入点前的字符，按 Del 键删除插入点后的字符。

对于较大范围文本的修改方法是：首先选择要修改的这一部分文本（称为选定），然后再对选定的文本进行删除、复制、插入或移动等编辑操作。

1. 插入点的定位

不论是直接删除还是选定，都需要先将插入点移动到指定位置。移动的基本方法是：使用滚动条或键盘的光标移动键（←、↑、→、↓及翻页键 PgUp/PgDn），使目标位置显示在编辑区，用鼠标单击该位置。

快速定位技巧：按 Home 键定位至当前行的行首，按 End 键定位至当前行的行尾，按 Ctrl+Home 键定位至当前文档的首部，按 Ctrl+End 键定位至当前文档的尾部。

2. 选定文本

选定文本的最基本方法是：将鼠标从待选文本的一端拖拽到另一端，这时，两端间的文本呈反相显示，表示已被选定，如图 3.2-15 所示。

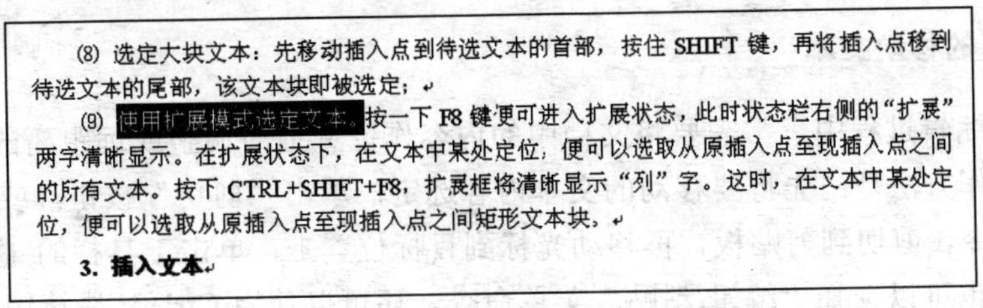

> (8) 选定大块文本：先移动插入点到待选文本的首部，按住 SHIFT 键，再将插入点移到待选文本的尾部，该文本块即被选定。
>
> (9) 使用扩展模式选定文本。按一下 F8 键可进入扩展状态，此时状态栏右侧的"扩展"两字清晰显示。在扩展状态下，在文本中某处定位，便可以选取从原插入点至现插入点之间的所有文本。按下 CTRL+SHIFT+F8，扩展框将清晰显示"列"字。这时，在文本中某处定位，便可以选取从原插入点至现插入点之间矩形文本块。
>
> **3. 插入文本**

图 3.2-15　"文本选定"示意图

选定操作技巧：

① 要选定一个英文单词或一个汉字，可双击该单词或字；要选定一个句子，可按住 Ctrl 键并单击此句子。

② 要选定一个段落，可在该段落中三击任一字符。

③ 利用选定栏选定文本。

单击可选定一行。

双击可选定一个段落。

三击则选定整个文档。

④ 按住 Alt 键不放，拖拽鼠标，可以选定矩形文本块。

⑤ 按 Ctrl+A 键，可以选定整个文档。

⑥ 选定大块文本：先移动插入点到待选文本的首部，按住 Shift 键，再将插入点移到待选文本的尾部并单击，该文本块即被选定。

3. 插入文本

移动插入点到插入位置处，即可输入内容。

4. 修改文本

首先选定要修改的字符，输入所需要的内容，即可覆盖原来的字符内容。

5. 移动文本

首先选定要移动的文本，用鼠标拖到新位置处，松开鼠标，即完成选定文本的移动。

6. 复制文本

首先选定要复制的文本，按住 Ctrl 键并用鼠标拖到新位置处，松开键盘与鼠标按钮，即完成选定文本的复制。

7. 剪切文本

剪切文本就是将文本中已选定的部分剪切下来，被选定的内容从屏幕上消失，剪切下的内容被放到剪贴板中。也可以用这种方法删除文本。

剪切文本时首先选定要剪切的文本，再单击"常用"工具栏的 ▓（剪切）按钮，也可以选择"编辑/剪切"菜单命令。

8. 长距离的移动文本

在文档的编辑过程中，常需要将文档中的内容作位置上的调整或远距离的移动。

其基本操作方法是：先将要移动的文本内容选定，单击"剪切"按钮，或选择"编辑/剪切"菜单命令，剪切到剪贴板，再移动光标到目标位置上，单击工具栏的 ▓（粘贴）按钮进行粘贴，也可以选择"编辑/粘贴"菜单命令，还可以使用 **Ctrl+V** 快捷键。

9. 长距离的复制文本

复制某些文本内容到其他位置，是文档编辑中重要的操作。利用此功能，可以对文档中相同的内容进行复制操作，从而避免了许多重复性的输入工作，提高工作效率和准确率。

其基本操作方法是：先将要复制的文本内容选定，并单击工具栏的 ▓（复制）按钮，或按 **Ctrl+C** 快捷键复制到剪切板，移动光标到目标位置上，单击工具栏的 ▓（粘贴）按钮。

【**例 3.2**】 打开［例 3.1］所建立的 WD1.DOC 文件。

文档的打开有两种方式，第一种可通过单击工具栏中的"打开"按钮来实现。第二种方式是通过单击"文件"菜单下的"打开"菜单项，将弹出"打开"对话框，选中要打开的文件，单击"打开"按钮即可。

① 在文本的最前面插入一行标题"鱼与熊掌完全可以兼得"。

将光标定位至文档的最前面，直接输入"鱼与熊掌完全可以兼得"，按回车键即可。

② 删除最后一段内容。

选定最后一段内容，单击 ▓（剪切）按钮或按 Del 键即可删除。

③ 将第一段复制到文档的末尾（复制三次）。

选定第一段内容，单击 ▓（复制）按钮；将光标移至文档的末尾，单击 ▓（粘贴）按钮，则将选定内容复制到文档的末尾；再连续两次单击 ▓（粘贴）按钮即可。

④ 将第一、二两自然段互换位置。

选定第一段内容，单击 ▓（剪切）按钮；将光标移至第二段的末尾，按回车键，单击 ▓（粘贴）按钮。

⑤ 将第一、第二、第三段合并为一段。

将光标定位至文档的第一段末尾，删除段落标记符号，同样，将光标移至原文档的第二段末尾，删除段落标记符号即可合并。

⑥ 将刚合并的自然段从"你看老祖宗都说了鱼与熊掌不可兼得"处拆分为两段。

将光标定位至"你看老祖宗都说了鱼与熊掌不可兼得"中的"你"之前，按回车键即可。

⑦ 保存文件，退出 Word。

▶ 3.2.5 撤销与重复操作

1. 撤销一次或多次操作

如果执行了错误的编辑等操作，可以立即通过选择"编辑/撤销"菜单命令，或"常用"工具栏"撤销"按钮，恢复此前被错误操作的内容。

2. 重复操作

重复操作可以提高工作效率。当要重复进行此前的同一操作时，可选择"编辑/重复"菜单命令，或单击"常用"工具栏的"重复"按钮。

▶ 3.2.6 查找与替换字符

查找与替换是进行文字处理的基本技能和技巧。使用查找可以快速定位到指定字符处，使用替换可以快速修改指定的字符，甚至完成对某些指定字符的删除。

1. 替换

（1）选择"编辑／替换"菜单命令

屏幕显示如图 3.2-16 所示"替换"对话框。

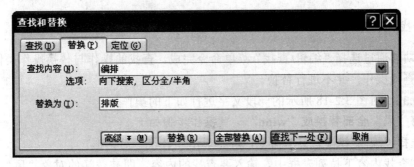

图 3.2-16 "替换"对话框

（2）选择或输入对话框选项

1）"查找内容"下拉列表框 输入要查找的内容，即被替换的对象（例如"编排"）。

2）"替换为"下拉列表框 输入替换内容（例如"排版"），如果此框内不输入内容，则操作结果为删除文档中的被替换对象。

3）"查找下一处"按钮 查找并定位到下一个查找目标。

4）"替换"按钮 单击此按钮，替换被查找到的对象，若不替换本次查找到的内容，选择"查找下一处"，继续查找下一个目标。

5）"全部替换"按钮 将文档中查找到的替换目标全部进行替换。

选择对话框的"高级"按钮，出现如图 3.2-17 所示"替换"对话框。可以进行以下替换细节的设置：

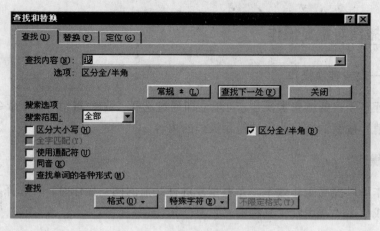

图 3.2-17 "替换/高级"对话框

① "搜索范围"下拉列表框。有"全部"、"向上"、"向下"三种选项，其中"全部"表示在整个文档中替换，"向上"或"向下"表示从当前插入点开始向上或向下查找替换。

② "全字匹配"复选框。表示查找内容是一个完整的单词，而不是较长单词的一部分。

③ "区分大小写"复选框。表示被查找的对象要求字母组合及大小写与用户要求一致。

2. 查找

查找功能通过选择"编辑/查找"菜单命令完成。查找的操作与替换操作类似，但只进行单一的查找操作，并不进行替换。

【例 3.3】 对图 3.2-18 所示的一段文字进行如下的操作。

1）将"风"全部替换成"wind" 其操作步骤如下：

① 选择"编辑/替换"菜单命令，屏幕显示"替换"对话框。

② 在查找内容下拉列表框中，输入要查找的内容，即被替换的对象"风"。

③ 在替换为下拉列表框中，输入替换内容"wind"。

④ 单击"全部替换"按钮。

2）将"wind"全部替换成"WIND" 其操作步骤如下：

① 选择"编辑/替换"菜单命令，屏幕显示"替换"对话框。

② 在查找内容下拉列表框中，输入要查找的内容，即被替换的对象"wind"。

③ 在替换为下拉列表框中，输入替换内容"WIND"。

④ 选择对话框中的"高级"按钮，选择"区分大小写"复选框。

⑤ 单击"全部替换"按钮。

3）将"WIND"全部替换成"风 Wind" 其操作步骤同 2）。

4）将"风 Wind"全部替换成红色加粗的"风 Wind" 其操作步骤同 2），但在"替换为"下拉列表框中，选定"风 Wind"后，要单击"格式按钮"进行红色加粗的格式设置。

> 　　假如风有颜色，我们的生活一定会更丰富，更美好！
>
> 　　我希望春天的风是浅绿色的。当万物沉睡不醒时，一阵浅绿色的风吹来，播撒着万物生长的气息。于是，田野绿了，山川绿了，草芽儿也张开了嫩绿的小嘴，花儿们穿上了五颜六色的花裙子。
>
> 　　夏天的风是白色的。人们正在吃着冰棍，一阵白色的风吹来，好像身边翻起了朵朵浪花，感觉又舒适，又凉爽。
>
> 　　秋天的风是金色的。秋天是个丰收的季节，苹果压弯了树枝。秋风吹落了树叶，树叶变得像金子一样闪闪发光。秋风吹熟了庄稼，农民伯伯用自己辛勤的劳动换来了粮食的大丰收，美在眼里，喜在心头。
>
> 　　冬天的风有两种颜色，一种是粉红色，一种是鹅黄色。两种颜色的风合在一起，变成了一种温暖的颜色。即使在冰天雪地里，我们也能感受到温暖。童话般的冬天加上一点温暖，会变得又温馨，又美丽。
>
> 　　假如四季的风真是这样，那么我的心愿也就被满足了。

图 3.2-18　编辑的文章

▶ 3.2.7　Word 文档视图方式

　　Word 2003 提供了多种查看文档的方式，同一文档可按不同需要以多种方式显示在屏幕上。主要有普通视图、Web 版式视图、页面视图、大纲视图、阅读版式视图等。各种视图方式可在 Word 主窗口的"视图"菜单中选择和切换，也可通过视图按钮切换，视图按钮位于文档编辑区的左下角，如图 3.2-19 所示。

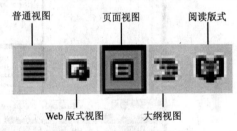

图 3.2-19　Word 文档视图

1. 普通视图

　　普通视图布局简单，不显示页边距、页眉、页脚等信息。文本输入超过一页时，编辑窗口将出现一条虚线，这就是分页符，如图 3.2-20 所示。

2. 页面视图

　　页面视图即"所见即所得"，主要用来查看文档的打印外观。页面视图可显示文档每一页的页面布局，它用实际的尺寸及位置显示页面、正文以及其他对象如页眉、页脚、图片等。分页符不是一条虚线而是显示页边距，如图 3.2-21 所示。

3. Web 版式视图

　　Web 版式视图是查看网页形式的文档外观。Web 版式视图以屏幕页面为显示基础，而不是以打印稿为基础，隐藏了分页标志及页眉、页脚等设置，以提高屏幕的可视性。Web 版式视图适用于注重编辑文档内容而忽视文档外观的场合。Web 版式视图的最大优点是联

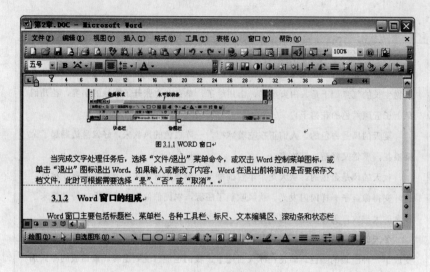

图 3.2-20　普通视图

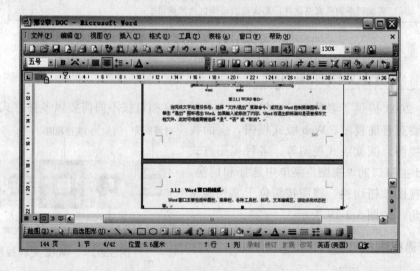

图 3.2-21　页面视图

机阅读方便，它不以实际打印的效果显示文字，而是将文字显示得大一些，并使段落自动换行以适应当前窗口的大小，而且只有它可以添加文档背景颜色和图案。Web 版式视图如图 3.2-22 所示。

4. 大纲视图

大纲视图是查看大纲形式的文档，并显示大纲工具。大纲视图是一种可压缩的轮廓观察器，常常用于建立文档的大纲，检查文档的结构。如果文档中定义有不同层次的标题，可以将这些文档压缩起来，只看这些标题，也可以只看某一特定层次以上的标题。还可以很容易地移动文档的各段，把一个整段压缩成一行，从而通过这一行的方式来看这一段的文本。大纲视图如图 3.2-23 所示。

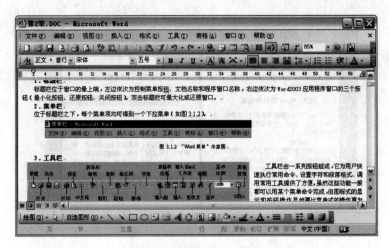

图 3.2-22 Web 版式视图

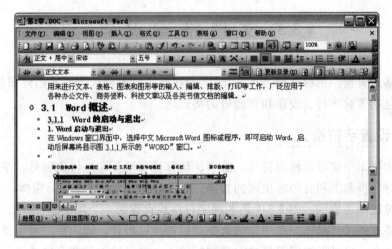

图 3.2-23 大纲视图

大纲视图中在每一个段落的前面都有一个标记，在该视图中查看和重新组织文档的内容都是非常方便；根据段落的大纲级别有层级地设置，前面有小正方形的段落的级别是正文，在大纲视图中的文档也可以折叠和展开。大纲视图的界面中有"大纲"工具栏，如图 3.2-24 所示。

图 3.2-24 "大纲"工具栏

5. 阅读版式视图

用阅读版式视图查看文档，可以利用最大的空间来阅读或批注文档。阅读版式视图在缩小页面的同时不改变文字大小，同时隐藏除"阅读版式"和"审阅"工具栏以外的所有工具栏，如图 3.2-25 所示。

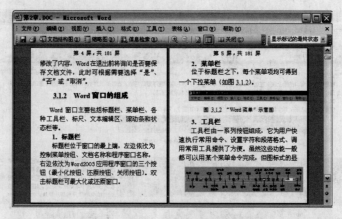

图 3.2-25   阅读版式视图

3.3 文档格式设置

文档的格式设置，也称文档"格式化"，指按照一定的要求改变文档外观的一种操作。文档格式化包括了对字符、段落和页面等的格式化。

▶ 3.3.1 设置字符格式

字符是指文本中字母、标点符号、数字、运算符号以及某些特殊符号。字符格式的设置决定了字符在屏幕上和打印时出现的效果。包括字符的字体、字号、粗体、斜体、空心、下划线和字符间距等修饰。图 3.3-1 是各种字符格式设置的一个例子。

对字符格式的设置操作，在字符输入的前后都可以进行。输入前，可以使用"格式"工具栏或菜单命令定义新的字符格式，再进行输入；对已输入的文字格式进行改变，要先选定需改变格式的文本范围，再进行各种设置。

图 3.3-1 "字符设置"示意图

设置字符格式主要使用"格式"工具栏和"格式"菜单,此外,还可以对字符进行艺术字体的设置以及利用"常用"工具栏中的"格式刷"复制字符格式。

1."格式"工具栏

如图 3.3-2 所示的"格式"工具栏中有样式下拉列表框、字体下拉列表框、字号下拉列表框和加粗、斜体、下划线等按钮。

图 3.3-2 "格式"工具栏

"样式"下拉列表框提供了各级标题和正文等的字符样式,如图 3.3-3 所示。

图 3.3-3 "样式"下拉列表框

"字体"下拉列表框提供了各种常用字体,如图 3.3-4 所示。

图 3.3-4 "字体"下拉列表框

"字号"下拉列表框提供了多种字号以表示字符从大到小的变化,如图 3.3-5 所示。

"加粗"、"斜体"、"下划线"、"字符边框"、"字符底纹"和"字符缩放"按钮提供了对字体的不同修饰。

使用"格式"工具栏只能进行字符的简单格式设置,若要设置得更为细致,就应当使用"格式"菜单。

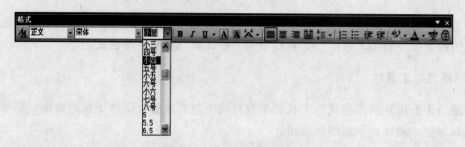

图 3.3-5 "字号"下拉列表框

2. "格式/字体"菜单命令

选择"格式/字体"菜单命令后，屏幕将显示如图 3.3-6 所示的"字体"对话框。对话框中有"字体"、"字符间距"和"文字效果"三个选项卡。"字体"选项卡不仅包含了"格式"工具栏中按钮的功能，还提供了如字符颜色、各种下划线等多种选择；"字符间距"选项卡提供了字符的间距和字符垂直位置的设置；"文字效果"选项卡用于设置字符的动态显示效果。

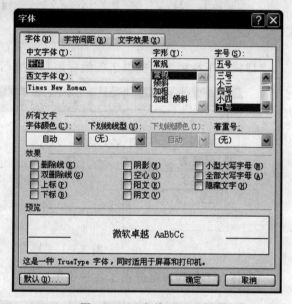

在"字体"选项卡中，可以选择字体、字号（磅）、粗体、斜体、下划线，可以进行空心、阳文、阴文等设置，还可以设置字符的颜色、删除线、上下标、小型大写字母、全部大写字母、隐藏文字等。并且，操作的效果在对话框的"预览"框内即时显示，如果不满意，可以随时修正。

通过"颜色"列表可以从预先定义好的颜色中输入或选择一种颜色。其中"自

图 3.3-6 "字体"对话框

动"选项表示采用 Windows "控制面板"上对文本颜色设置所选定的颜色。通过"下划线"列表，可以从下划线类型（如单线、粗线、双线、虚线、波浪等）中选择所需要的下划线样式标记。通过"上标"、"下标"，可以设置像 X^2 和 A_2 这样的上标或下标。通过"小型大写字母"、"全部大写字母"可以设置字形比正常的大写字母稍小的大写字母或设置成全部大写字母。

在"字符间距"选项卡中，可以设置字符间的间距和字符的垂直位置，使字符更具有可读性或产生特殊的效果。Word 提供了"标准"、"加宽"和"紧缩"三种字符间距供选择，提供了"标准"、"提升"和"降低"三种位置供选择。

3. 使用艺术字体

有时在输入文字时会希望文字有一些特殊的显示效果，让文档显得更加生动活泼、富有艺术色彩，例如产生弯曲、倾斜、旋转、拉长和阴影等效果。在 Word 系统中提供 WordArt 艺术字体功能。

其操作步骤是：

① 选择"插入/图片/艺术字"菜单命令或单击"图形"工具栏的"插入艺术字"按钮，屏幕显示"艺术字库"对话框，如图 3.3-7 所示。

② 在"艺术字库"对话框中选择艺术字式样，单击"确定"按钮。

③ 弹出如图 3.3-8 所示的"编辑艺术字文字"对话框，在其中输入和编辑文本。每次按 Enter 键都可开始一个新行。还可以为文本选择字体、字号，对文字进行修饰。

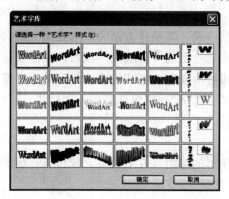

图 3.3-7　"艺术字"库图

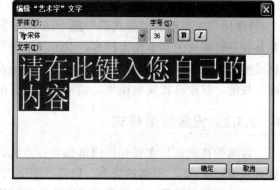

图 3.3-8　编辑"艺术字"对话框

④ 输入的文字按所设置的艺术字式样显示，并相应地显示出"艺术字体"工具栏，如图 3.3-9 所示。

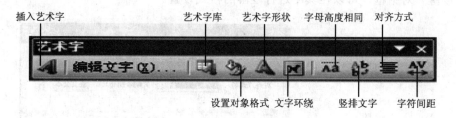

图 3.3-9　"艺术字体"工具栏

⑤ 选择"艺术字体"工具栏上的某个按钮可以设置特殊文本效果。可以同时添加多种效果，可以编辑文本并为文本选择形状、字体、字号大小和颜色等。因此可以不断试验直到满足要求为止，如图 3.3-10 所示。也可以通过快捷菜单进行修改和修饰。

图 3.3-10　艺术字体示例

通过"艺术字"工具栏可改变插入艺术字的属性，方法如下：

拖动黄色的控制点，可以改变艺术字的形状。

单击"艺术字库"按钮，可以打开"'艺术字'库"对话框。

单击"艺术字形状"按钮，从打开的面板中选择艺术字形状，如选择"细上弯弧"，就把这个艺术字的形状变成了弧形。

单击"艺术字字母高度相同"按钮，所有字母的高度就一样了。

单击"艺术字竖排文字"按钮，字母变成了竖排的样式。

单击"艺术字字符间距"按钮，从弹出的菜单中进行选择，如选择"很松"，艺术字中间的间距就变大了。

此外，艺术字也可以同剪贴画一样设置填充颜色、对齐、环绕等格式。

4. 格式刷

"常用"工具栏的"格式刷" ✔ 可以用来复制格式。其操作方法为：选定某个带有需要复制字符格式的文本作为样本，双击"常用"工具栏上的"格式刷"按钮，在需要获得格式的文本上用鼠标拖拽经过，这些文本的格式即被所复制的格式设定，最后单击"格式刷"按键，结束格式复制操作。如果最初是单击"格式刷"，则仅能复制一次格式。

▶ 3.3.2 设置段落格式

段落的格式化，主要包括段落的对齐方式、段落的缩进（左右边界、段落首行缩进位置）、行距与段距、段落的修饰、段落首字下沉等处理。

段落格式的设置对当前段落或事先选定的段落有效。

进行段落格式化主要使用的工具和命令有："格式"工具栏、"格式/段落"菜单命令和标尺。

① "格式/段落"菜单命令。选择"格式/段落"菜单命令后，屏幕显示如图 3.3-11 所示的"段落"对话框，可以在其中进行段落的格式设置。

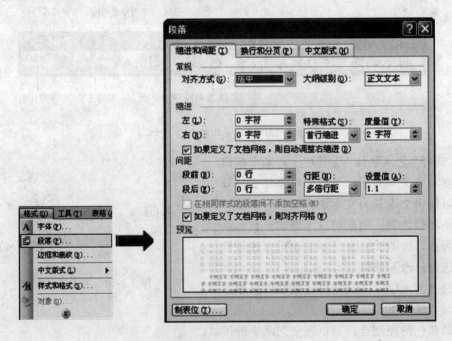

图 3.3-11 "段落"对话框

② "格式"工具栏。格式工具栏中的减少缩进、增进缩进、样式列表框、段落两端对齐、段落右对齐、段落居中对齐、段落分散对齐、给段落编号和加项目符号等按钮可用

于段落格式的设置。

③ 标尺。标尺位于正文区的上侧，由刻度标记、左右边界缩进标记和首行缩进标记组成，用来标记水平位置和左右边界、首行位置等，如图 3.3-12 所示。

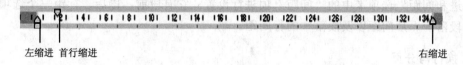

左缩进 首行缩进　　　　　　　　　　　　　　　　　　　　　　右缩进

图 3.3-12　水平标尺

1. 设置段落缩进格式

所谓段落的缩进，是指段落中文本的左、右边界相对标尺上的页边距标记往左、右缩进一定的距离。段落的缩进方式分为左缩进、右缩进和首行缩进等。"首行缩进"，是指段落的第一行从左缩进位置缩进的距离，量值为正则产生首行缩进，量值为负将产生悬挂式缩进。

设置段落缩进位置可以使用菜单、标尺和"格式"工具栏，其中使用标尺最为简捷。

1）使用菜单　选择"格式/段落"菜单命令，出现"段落"对话框，在"缩进和间距"选项卡中进行左、右和首行缩进的设置。

2）使用标尺　在标尺上，用鼠标拖动左缩进、右缩进和首行缩进标记可以确定其位置。

3）使用"格式"工具栏　用鼠标单击格式工具栏的"减少缩进量"或"增加缩进量"可使插入点所在段落的左边整体减少和增加。

2. 设置段落对齐方式

在编辑文本时，出于某种需要，有时希望某些段落中的行居中、左端对齐、右端对齐、分散对齐放置，如图 3.3-13 所示。所谓"居中"是指使段落文本位于左右缩进之间的中央位置；"两端对齐"是指扩展行内字符间距，使段落同时按左右缩进对齐，但段落的最后一行左对齐；"分散对齐"（也称撑满），是指不论字符数多少，每行字符都扩展行内字符间距，使段落左右对齐，这种格式一般较少使用。

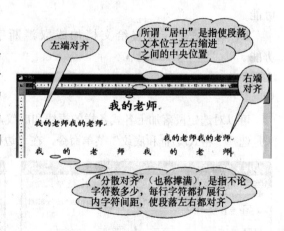

图 3.3-13　段落对齐方式

设置段落对齐方式可以使用菜单和格式工具栏，其中使用格式工具栏最为简捷。

1）使用菜单　选择"格式/段落"菜单命令，出现"段落"对话框，在"缩进和间距"选项卡中的"对齐方式"下拉列表中进行段落对齐方式的设置。

2）使用"格式"工具栏　单击"格式"工具栏的"两端对齐"、"居中"、"右对齐"或"分散对齐"按钮设置段落的对齐方式。

3．设置段落间距

段落间距是指相邻段落间的间隔。选择"格式/段落"菜单命令，出现"段落"对话框，在"缩进和间距"选项卡中的"间距"项进行设置。它有段前、段后、行距三个选项，用于设置段落前、后间距以及段落中的行间距。

4．换行与分页

换行与分页是指段落与页的位置关系。主要通过"格式/段落"菜单命令对应的"段落"对话框的"换行与分页"选项卡进行设置，如图 3.3-14 所示。

换行与分页的格式主要有：

1）孤行控制　孤行分作"页首孤行"和"页尾孤行"两种。进行孤行控制时，将确保任何一页上没有一个独立于自己段的单独行。

2）段前分页　在当前段落前插入一个分页符，强行分页。

3）与下段同页　禁止在当前段落及其下一段落之间使用分页符。

4）段中不分页　禁止在当前段落内使用分页符。

5）取消行号　设置给文档加或取消行号功能。

6）取消断字　设置给文档加或取消断字功能。

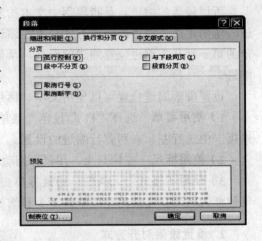

图 3.3-14　"换行与分页"选项卡

5．边框和底纹的修饰设置

可以对选定段落加上各式各样的框线和底纹，以达到美化版面的目的。设置段落修饰的方法是选择"格式/边框和底纹"菜单命令，在"边框和底纹"对话框进行，如图 3.3-15 所示。

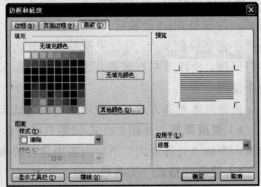

图 3.3-15　"边框和底纹"对话框

在对话框中,"边框"选项卡用于设置段落边框类型(无边框、方框、加阴影的方框)、框线粗细、颜色及文字与边框的间距等,"底纹"选项卡用于设置底纹的类型及前景、背景的颜色。

6. 设置段落首字下沉

段落的首字下沉,可以使段落第一个字放大,以利于人们阅读,增强文章的可读性。

设置段落首字下沉的方法是:选择"格式/首字下沉"菜单命令,在"首字下沉"对话框的"位置"框中有"无"、"下沉"和"悬挂"三个选项。选择"无",则不进行首字下沉;选择"下沉",下面的文本可以围绕在此首字的下面;选择"悬挂",使首字的下面不排文字,如图 3.3-16 所示。

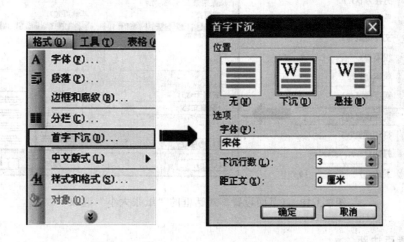

图 3.3-16　段落首字下沉

7. 给段落加项目符号或编号

选择"格式/项目符号和编号"菜单命令,屏幕显示"项目符号和编号"对话框,如图 3.3-17 所示。

在对话框中作出适当的选择,可为选定的段落加上指定的项目符号或编号。还可以通过选择"格式"工具栏的"项目符号"、"编号"按钮,为选定段落加项目符号或编号。

▶ 3.3.3　设置文档版面格式

文档版面的格式主要包括:纸张尺寸、页边距、分栏,添加页眉、页脚、页码等。版面格式设置用以美化页面外观,将直接影响文档的打印效果。

图 3.3-17　"项目符号和编号"对话框

1. 定义纸张规格

选择"文件/页面设置"菜单命令，在如图 3.3-18 所示的"页面设置"对话框的"纸张大小"选项卡中可以定义：纸张大小（A4、A5、B4、B5、16K、8K、32K、自定义纸张等），输出文本的方向（纵向、横向），应用范围（本节、整个文档及插入点之后）。

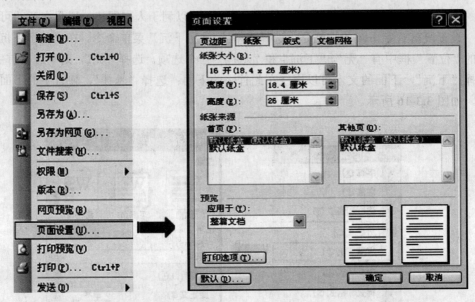

图 3.3-18 "页面设置"对话框的"纸张大小"选项卡

2. 设置页边距

一般的，文档打印时的边界与所选定页的外缘总是有一定距离的，这称为页边距。页边距分上、下、左、右四种。设置合适的页边距，既可合理地使用纸张，便于阅读、便于装订，也可美化页面。

选择"文件/页面设置"菜单命令，在如图 3.3-19 所示的"页面设置"对话框的"页边距"选项卡中可以定义页边距（上页、下页、左页和右页边距）、装订线位置、与边界距离、对称页边距及应用范围等。

3. 设置分栏

所谓多栏文本，是指在一个页面上，文本被安排为自左至右并排排列的续栏的形式。

选择"格式/分栏"菜单命令，在"分栏"对话框中设置栏数、各栏的宽度及间距、分隔线等，如图 3.3-20 所示。

4. 设置页眉页脚

在实际工作中，在每页的顶部或底部常常显示页码及一些其他信息，如文章标题、作者姓名、日期或某些标志等。这些信息若在文件页的顶部，称为页眉，若在文件页的底部，称为页脚。如某单位的稿纸一般设有页眉和页脚。

图 3.3-19　"页边距"选项卡

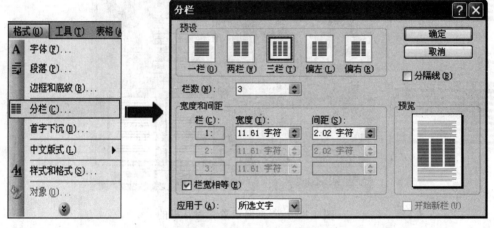

图 3.3-20　"分栏"对话框

设置页眉/页脚，使用"视图"菜单中的"页眉/页脚"命令，屏幕显示一虚线页眉（脚）区，可以在其中输入并排版文本，甚至插入图片（与在文本中插入图片的方法相同），并显示"页眉/页脚"工具栏，如图 3.3-21 所示。

图 3.3-21　"页眉/页脚"工具栏

1）设置页眉/页脚 工具栏中"切换页眉和页脚"按钮（初始为页眉项），用以切换页眉或页脚的设置；"显示上一个"或"显示下一个"按钮，用以显示前面或后面页的页眉（脚）信息；"链接页眉和页脚"按钮用于控制当前页眉（脚）与此前的页眉（脚）建立链接关系，使与前面相同的信息出现在当前页右上角，而前面页眉（脚）内容的改动将使当前页的相关内容自动改变。

2）给页眉加页码、日期和时间 工具栏的第二到第六个按钮分别用于将页码、日期和时间等代码插入到页眉（脚）中，使用前先把插入点定位于页眉（脚）相应地方。

3）设置奇偶页不同的页眉（脚）和在首页不设置页眉（脚） 在"页眉/页脚"工具栏上选择"页面设置"按钮，在如图 3.3-22 所示的"页面设置"对话框的"版式"选项卡中，用"奇偶页不同"选项为奇偶页设置不同的页眉（脚）；用"首页不同"选项则标识只有首页的页眉（脚）不同。

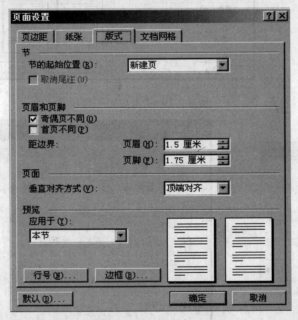

图 3.3-22 "页面设置"对话框的
"版式"选项卡

4）在编辑页眉或页脚时隐去正文 有时想集中于页眉、页脚内容的设置而不愿被正文内容干扰，单击"显示和隐藏正文"按钮，在显示整页和只显示页眉、页脚之间切换。

5）创建页眉和页脚 在页眉区上，Word 显示标号"页眉"，在页脚区则显示"页脚"。标号还包括"首页页眉"、"首页页脚"、"偶数页页眉"、"偶数页页脚"、"奇数页页眉"、"奇数页页脚"等。这些标号取决于在"版面"选项卡的选择及编辑的页数。

6）删除页眉和页脚 要删除页眉（或页脚），把光标移到页眉（或页脚）区，选择所有页眉（或页脚）文本，按 Del 键或选择"剪切"命令后，关闭"页眉/页脚"工具栏。

▶ 3.3.4　特殊排版方式

1. 拼音指南

选定要加注拼音的文字，单击"格式/中文版式/拼音指南"命令，打开"拼音指南"对话框，单击"确定"按钮，Word 就可给这些字添加拼音，如图 3.3-23 所示。

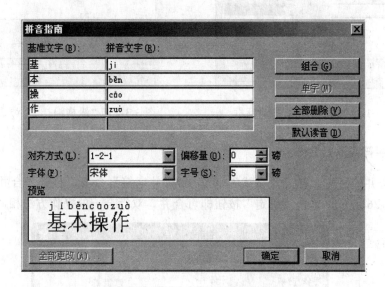

图 3.3-23　"拼音指南"对话框

2. 竖排文字

打开一篇文档，单击"常用"工具栏上的"更改文字方向"按钮，整篇文档的文字就变成了竖排的。再单击这个按钮，文字方向又变回来了。也可以在文档的任意位置右击，在弹出的快捷菜单中单击"文字方向"命令，可以打开"文字方向"对话框，选择任一种格式。或打开"格式/文字方向"菜单命令进行设置。

3. 带圈字符

选定要带圈的文字，单击"格式/中文版式/带圈字符"命令，或者单击"其他格式"工具栏上的"带圈字符"按钮，打开"带圈字符"对话框，如图 3.3-24 所示，然后单击"确定"按钮即可。如果要去掉这个圈可以选中这个字，然后打开"带圈字符"对话框，在"样式"中选择"无"，单击"确定"按钮。

4. 纵横混排

选定要纵横混排的文字，单击"格式/中文版式/纵横混排"命令，打开"纵横混排"对话框，如图 3.3-25 所示，单击"确定"按钮，就可纵横混排。

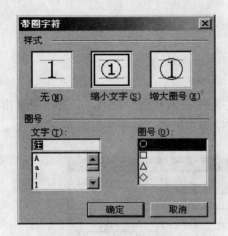 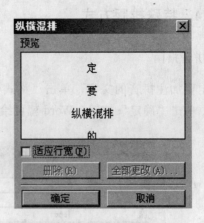

图 3.3-24 "带圈字符"对话框　　　　图 3.3-25 "纵横混排" 对话框

5. 合并字符或双行合一

选定要合并的字符，打开"格式/中文版式/合并字符"命令，打开"合并字符"对话框，如图 3.3-26 所示，单击"确定"按钮即可合并。双行合一的操作方法相同。

图 3.3-26 "合并字符"对话框

"双行合一"与"合并字符"的作用有些相似，但不同的是，合并字符有六个字符的限制，而双行合一没有；合并字符时可以设置合并的字符的字体的大小，而双行合一则没有。

3.4　表　格　处　理

在中文文字处理中，常采用表格的形式将一些数据分门别类、有条有理、集中直观地表现出来。Word 所提供的制表功能非常简单有效。建立一个表格，一般的步骤是先定义好一个规则表框，再对表线进行调整，填入表格内容，使其成为一个完整的表格。

表格中常用的命令主要在"表格"菜单和"表格与边框"工具栏中，如图 3.4-1 和图 3.4-2 所示。

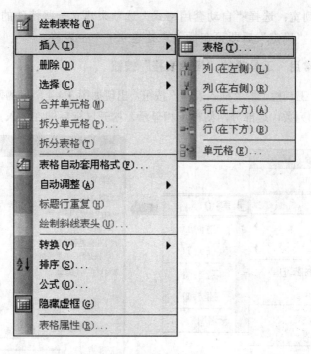

图 3.4-1 "表格"菜单

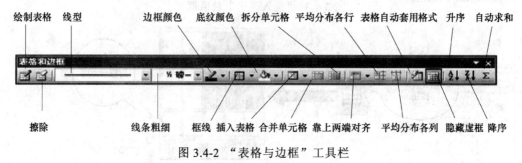

图 3.4-2 "表格与边框"工具栏

▶ 3.4.1 表格的建立

Word 表格由水平的行和竖直的列组成，行与列相交的矩形区域称为单元格。在单元格中，用户可以输入及处理有关的文字符号、数字以及图形、图片等。

表格的建立可以使用"表格"菜单和"常用"工具栏。在表格建立之前要把插入点定位在表格制作的前一行。

1. 插入表格

插入表格有以下两种方法：

（1）选择"表格/插入表格"菜单命令

选择"表格/插入表格"菜单命令，出现如图 3.4-3 所示的"插入表格"对话框中，根据需要输入行数、列数及列宽。列宽的缺省设置为"自动"，表示左页边距到右页边距的宽度除以列数作为列宽；选择"自动套用格式"选项来建立一些特殊的表格，如带斜线的表格、彩色表格等。"确定"后即可在插入点处建立一个空表格。

（2）选择"常用"工具栏的"插入表格"按钮

单击"常用"工具栏上的"插入表格"按钮，出现如图 3.4-4 所示的网格示意图。拖动鼠标选择需要的行数和列数，这部分网格被反相显示，松开鼠标后即在插入点处建立了一个表格。

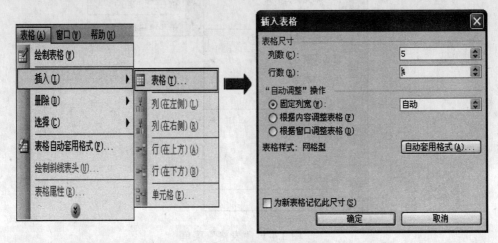

图 3.4-3 "插入表格"对话框

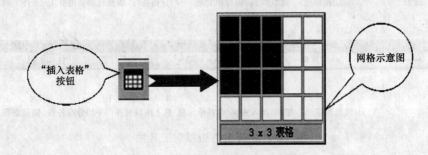

图 3.4-4 "插入表格"网格图

2. 绘制表格

（1）绘制表格

选择"表格/绘制表格"菜单命令或选择"视图/工具栏/表格与边框"菜单命令，屏幕将显示"表格与边框"工具栏，如图 3.4-2 所示，单击"绘制表格"按钮，鼠标指针变为一支画笔，用鼠标拖拽画笔可绘制方框或直线。

（2）擦除表线

单击"表格与边框"工具栏上的"擦除"按钮，鼠标指针变为一个橡皮擦，用鼠标拖拽橡皮擦可擦除表格任一线条。注意，"擦除"仅是将表线隐藏起来，不予打印，表仍按原来的行列来划分。

▶ 3.4.2　表格的调整

建立了表格之后，经常要根据需要对表格进行适当的调整，如调整一行或几行的列宽、改变行高、增加或删除几行和几列等。

1. 单元格的选定

对表格处理时，首先要求选定单元格、表行、表列、表格等操作对象，所选定对象将反相显示，选定方法有：

① 把鼠标指向单元格左边线时，指针变为右上箭头，单击则选定当前单元格；拖动鼠标可选定多个单元格。

② 鼠标在选定栏中单击可以选定一行；拖拽可以选定多行，如图 3.4-5 所示。

③ 把鼠标指向表格上方，鼠标指针变为向下的粗体箭头时，单击则选定当前列，拖拽可以选定多列，如图 3.4-6 所示。

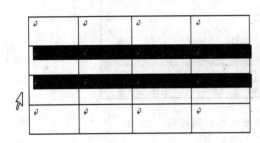
图 3.4-5　选定行示意图

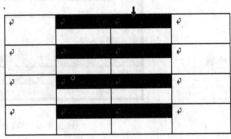
图 3.4-6　选定列示意图

④ 使用"表格"菜单的"选定行"、"选定列"和"选定表格"命令选定当前插入点所在的行、列或整个表格，如图 3.4-7 所示。

⑤ 选定表格：把光标移到表格上，等表格的左上方出现了一个移动标记时，单击标记即可选取整个表格。

2. 调整单元格的列宽和行高

（1）直接拖动表格分隔线调整列宽和行高

将鼠标移到表格的竖框线上，当鼠标指针变为双向分隔箭头时，按住鼠标左键并拖动框线到新位置，松开鼠标后该竖线即移至新位置，该竖线右边各表列的框线不动。同样，可以调整表行的高度。拖动当前被选定的单元格的左右框线，则将仅调整当前单元格宽度。

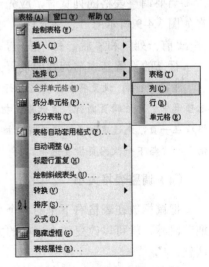
图 3.4-7　选定"表格/列/行/
单元格"菜单

（2）利用标尺调整列宽和行高

当把插入点移到表格中时，Word 自动在水平标尺上用交叉槽标识出表格的列分隔线，如图 3.4-8 所示。用鼠标拖动列分隔线可以调整列宽。当显示模式为"页面模式"时，文档窗口不仅显示水平标尺，而且在窗口左侧还显示垂直标尺，当前表格的行也将在垂直标尺上显示出行分隔线。用鼠标拖动行分隔线可以调整行高。

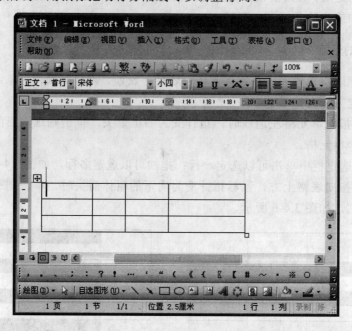

图 3.4-8　Word 标尺及表格分隔线图

（3）利用"表格属性"对话框调整列宽和行高

当要调整表格的列宽时，应先选定该单元格或列，选择"表格/表格属性"菜单命令，在如图 3.4-9 所示的"表格属性"对话框的"列"选项卡中调整宽度。

"前一列"和"后一列"按钮，用来设置当前列前一列或后一列的宽度。

行高的设置基本与列宽的设置方法一样，选择"行"选项卡，调整行高。

注意："行高"设置将会影响这一行中所有的单元格的高度。对于一页放不下的行，可以通过"行"选项卡中"允许跨页断行"复选框，把这行文本分在两页或将整个行放在下一页。如果要把整个表格放在一页，先选定该表，再选择"格式/段落"菜单命令的"换行与分页"选项卡，选择"孤行控制"和"与下一段同页"复选框。

（4）调整表格大小

把鼠标放在表格右下角的一个小正方形上，鼠标就变成了一个拖动标记，按下左键，拖动鼠标，就可以改变整个表格的大小了，拖动的同时表格中的单元格的大小也在自动地调整。

（5）表格的图文绕排

选择"表格/表格属性"菜单命令，在如图 3.4-10 所示的"表格属性"对话框的"表格"选项卡中调整表格的位置和表格的环绕方式。

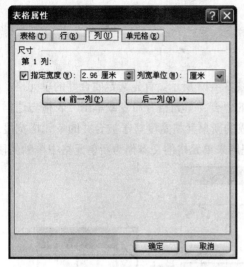

图 3.4-9　"表格属性"对话框中"列"选项卡　　图 3.4-10　"表格属性"对话框中"表格"选项卡

3. 插入/删除表格行或列

（1）插入/删除表格行

具体操作如下：

① 在表格中插入新的行可以选择"表格/插入/行（在上方）"或"表格/插入/行（在下方）"命令。

② 选择"表格/插入/单元格"菜单命令，在如图 3.4-11 所示的"插入单元格"对话框中选择"整行插入"，"确定"后即插入一新行，等价于选择"插入行"命令。

③ 删除行。删除表行前，先选定要删除的这几行，然后选择 "表格/删除/行"或选择"表格/删除/单元格"菜单命令，即可删除这些被选定的表行。其中"删除单元格"菜单命令对应的"删除单元格"对话框如图 3.4-12 所示。

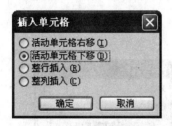
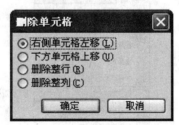

图 3.4-11　"插入单元格"对话框　　图 3.4-12　"删除单元格"对话框

（2）插入/删除表格列

插入/删除表列的操作与插入/删除表行的操作基本相同，所不同的只是选定的对象不同，插入的位置不同。

（3）删除整个表格

选定整个表格后，按 Del 键或使用剪切命令即可完成整个表格的删除。

4. 合并和拆分单元格

（1）合并单元格

Word 可以把两个或多个单元格合并起来，如图 3.4-13 所示。首先选定要合并的单元格，再选择"表格/合并单元格"菜单命令或快捷菜单中的"合并单元格"命令或单击"表格与边框"工具栏中的"合并单元格"按钮即可合并。合并成的新单元格宽度等于被合并的单元格宽度之和，并把原来的单元格结束符转换为段结束符，把原来单元格的文本作为新单元格中单独的段。

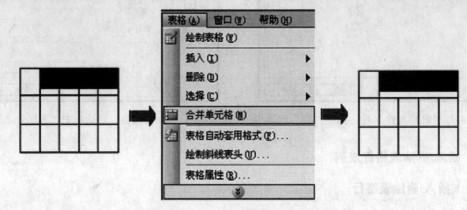

图 3.4-13 "合并单元格"示意图

（2）拆分单元格

Word 还可以用垂直分隔线把一个单元格拆分成若干个单元格。首先选定要拆分的单元格，再选择"表格/拆分单元格"菜单命令或快捷菜单中的"拆分单元格"命令或单击"表格与边框"工具栏中的"拆分单元格"按钮，回答对话框中所拆分成的"行数"或"列数"即可完成拆分单元格，如图 3.4-14 所示。

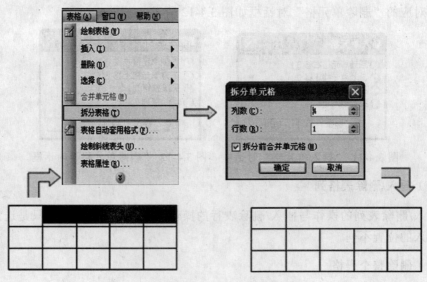

图 3.4-14 "拆分单元格"示意图

（3）拆分表格

将光标定位于要拆分表格的这一行处，按 Ctrl+Shift+Enter 组合键，或选择"表格/拆分表格"菜单命令，Word 将在当前行的上方将表格拆分。

5. 绘制斜线表头

打开"表格"菜单，单击"绘制斜线表头"命令，出现"插入斜线表头"对话框，对斜线表头进行设置。如表头样式设为"样式二"，字体大小设为五号，行标题设为"科目"，数据标题设为"成绩"，列标题设为"姓名"，单击"确定"按钮，就可以在表格中插入一个合适的表头了，如图 3.4-15 所示。

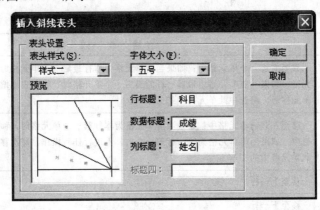

图 3.4-15　插入斜线表头

6. 给表加边框和底纹

为了美化、突出表格，可以适当地给表格加边框和底纹。在设置之前先选定处理的表格或单元格。给表格加边框，可以使用"表格和边框"工具栏中的"绘制表格"和"外部框线"按钮，也可以选择"格式/边框和底纹"菜单命令，在"边框和底纹"对话框的"边框"选项卡中设置边框，可以使用"表格与边框"工具栏中的"画笔"和"框线"，也可以利用"格式/边框和底纹"菜单命令。此外，利用边框的设置还可以制作并列的表格。

如果要给表格加底纹，可以选择"格式/边框和底纹"菜单命令，在"边框和底纹"对话框的"底纹"选项卡中设置底纹，或按"表格和边框"工具栏的"底纹颜色"按钮进行设置。

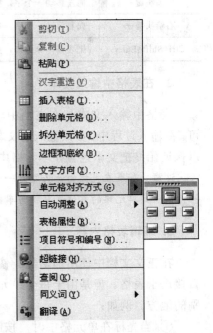

7. 单元格里文字的对齐方式

选取单元格里的文字，单击鼠标右键，选择快捷菜

图 3.4-16　单元格对齐方式

单中的"单元格对齐方式"项，会弹出几个按钮供选择，单击需要的格式，如图 3.4-16 所示，或单击"表格与边框"工具栏中对齐方式相应的按钮。

▶ 3.4.3　表格数据输入与编辑

1. 表格中插入点的移动

在表格操作过程中经常要使插入点在表格中移动。表格中插入点的移动有多种方法，可以使用鼠标在单元格中直接移动，也可以使用表 3.4-1 所示的快捷键在单元格中移动。

表 3.4-1　　　　　　　　　　　表格中插入点移动快捷键

快捷键	操 作 效 果
Tab	移至右边一个单元格中；如果当前单元格为本行最后一个单元格时，移至下一行的第一个单元格；如果当前单元格为最后一行的最后一个单元格时，将在表尾增加一新行。每次移到一个单元格时，将选中此单元格中的文本
Shift+Tab	移至左边的单元格中；如果当前单元格为本行第一个单元格时，移至上一行的最后一个单元格中；如果当前单元格为第一行第一个时，不进行任何操作。每次移到一个单元格时，将选中此单元格中的文本
上箭头键↑	移至上一行
下箭头键↓	移至下一行
左箭头键←	向左移动一个字，如果为单元格第一个字时，将移至上一个单元格
右箭头键→	向右移动一个字，如果为单元格最后一个字时，将移至下一个单元格
Ctrl+Shift+Enter	把表格一分为二，并在当前光标所在行的上面加一个段落标记

2. 在表格中输入文本

表格中输入文本与在文档中输入文本一样，把插入点移到要输入文本的位置输入即可。在输入过程中，如果输入的文本比当前单元格宽，Word 会自动增加本行单元格的高度，以保证始终把文本包含在单元格中。

注意：如果在文档的开头处是一个表格，而要在此表格前插入一段文字时，需要把光标移至第一行第一列单元格的首位置且按回车键，然后输入文字。

3. 编辑表格内容

在正文文档中使用的增加、修改、删除、编辑、剪切、复制和粘贴等编辑命令大多可直接用于表格。但是由于每个单元格都包含了至少一个单元格结束符，因此，也有一些特别的地方。例如：

① 当光标在单元格中时，按回车键后仍将在当前单元格，但另起了一段。

② 使用"剪切"命令时，只剪切单元格内容，不删除单元格。

4. 表格内容的格式设置

Word 允许对整个表格，或单元格，或行，或列进行字符格式和段落格式的设置。如进行字体、字号、缩进、排列、行距、间距等设置。但在设置之前，必须首先选定对象。利用"表格与框线"工具栏上的对齐按钮，可以对选定单元格中的文本以顶线为基准上齐，居中，以底线为基准下齐等进行排列。

5. 表格内容的计算和排序

（1）表格内容计算

Word 具有对表格数据计算的功能。这里仅介绍求和函数 SUM()和求平均值函数 AVERAGE()的使用。

在表格中，Word 可以将计算结果插入到含有插入点的单元格中。单元格的名称由字母表示的列和用数字表示的行来标识，例如 A1、A2、B1、B2 等，如图 3.4-17 所示。

	A	B	C	D	E
1	班级＼课程	一班	二班	三班	
2	语文	76	85	92	253
3	数学	87	75	98	
4	英语	76	86	85	

图 3.4-17

如：求第二行的第 2～4 列三个单元格数字之和，并放在第五列。操作如下：首先将光标移至 E2 中，选择"表格/公式"菜单命令，在如图 3.4-18 所示的"公式"对话框的"公式"框中输入"=SUM(B2,C2,D2)"，或"=SUM(LEFT)"，或"=SUM(B2:D2)"，选择"确定"即可得和为 253。

公式中的函数自变量：LEFT 表示当前单元格以左的所有数值参加运算；ABOVE 表示当前单元格以上的所有数值参加运算；B2:D2 表示 B2 到 D2 的单元格即 B2、C2、D2 参加运算。

求平均值计算函数 AVERAGE()命令的使用与求和命令方法类似。

注意：凡是公式中用到的标点符号必须是英文的标点符号。

（2）表格内容排序

Word 不仅具有对数据计算的功能，而且，具有对数据排序的功能。在排序时，可以按笔画、数字、拼音或日期的升序或降序进行。

排序前先将插入点移至表格，选择"表格/排序"菜单命令，在如图 3.4-19 所示的对话框中对各排序依据（最多 3 个）分别进行设定，单击"确定"按钮后，表格各行将重新进行排列。

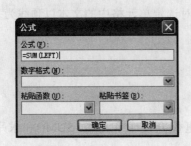

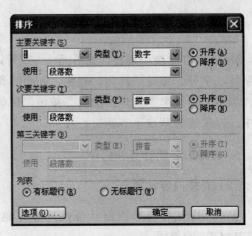

图 3.4-18 "公式"对话框   图 3.4-19 "排序"对话框

"排序"命令只能对列进行。

6. 表格内容与文本的转换

（1）把表格内容转换为文本

Word 允许把表格内容转换为文本。操作时先选定整个表格，选择"表格/将表格转换成文本"菜单命令，在如图 3.4-20 所示的对话框中确定转换后用来分隔各单元格内容的文本分隔符号（段落标记、制表符、逗号、空格或其他符号）。"确定"后即把每一单元格内容转换为一文本段。

（2）把文本转换为表格

Word 也允许把文本转换为表。操作时先选定文本，选择"表格/将文本转换成表格"菜单命令，出现如图 3.4-21 所示的对话框，可以转换逗点、空格或其他格式分隔的文本。

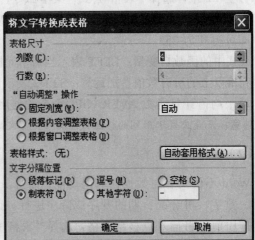

图 3.4-20 "表格转换文本"对话框   图 3.4-21 "将文字转换成表格"对话框

3.5　图　形　处　理

▶ 3.5.1　图形的创建

Word 提供的绘图工具可使用户按需要在其中制作图形、标志、地图等，并将它们插入到文档中，制作出一份图文并茂的文档。还可以将表格数据转换为统计图予以显示。

1. 将图形文件插入文档

将图形文件插入到文档中的操作步骤为：

① 将插入点定位于要插入图形的位置。

② 选择"插入/图片/来自文件"菜单命令，如图 3.5-1 所示。

③ 显示如图 3.5-2 所示的"插入图片"对话框，输入或选定所需要的图形文件名。

④ 单击"插入"按钮，此图形就插入到文本中。

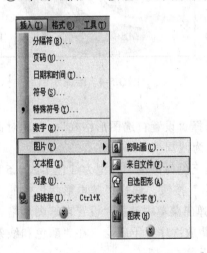
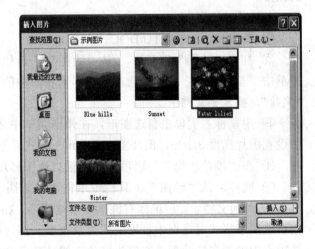

图 3.5-1　"插入/图片/来自文件"菜单命令图　　　　图 3.5-2　"插入图片"对话框

2. 利用剪贴板插入图形

Word 允许将其他 Windows 应用软件所产生的图形剪切或复制到剪贴板上，再用"粘贴"命令粘贴到文档的插入点位置。按 PrintScreen 键可将当前桌面复制到剪贴板，按 Alt+PrintScreen 键可将当前窗口复制到剪贴板，在文档中粘贴以起到抓图的作用。

3. 利用绘图工具绘制图形

（1）启动"绘图"工具栏的方法

启动如图 3.5-3 所示的"绘图"工具栏的方式有两种：单击常用工具栏"绘图"按钮、

选择"视图/工具栏"菜单命令。

图 3.5-3　绘图工具栏

绘图工具栏中具有多种画图工具和调色板。其中，箭头工具用于选定对象，以便进行复制、移动、删除、定尺寸等操作；自选图形中有多种常用图形并可以进行缩放。

（2）利用绘图工具栏插入图形

运用"绘图"工具栏可以直接绘制图形。

【例 3.4】　图形插入示例，制作如图 3.5-4 所示的图形。

图 3.5-4　绘图示例

其操作步骤如下：

① 新建 Word 文档 TU.DOC。

② 打开"绘图"工具栏，从"绘图"工具栏中单击"自选图形"按钮，选择"基本形状"中的"笑脸"，插入到文档中。

③ 用鼠标右键单击自选图形，在弹出菜单中选择"设置自选图形格式"，在其对话框中设置图片高度 3.3cm，图片宽度 3.5cm，版式设置为四周型。

④ 在"颜色和线条"选项卡中设置自选图形填充色为黄色，线型为红色实线 1.5 磅。

⑤ 同样，从"绘图"工具栏中单击"自选图形"按钮，选择"基本形状"中的"心形"，插入到文档中。用鼠标右键单击自选图形，在弹出菜单中选择"设置自选图形格式"，在自选图形格式对话框中设置版式为紧密型，图片叠放次序置于底层。在"颜色和线条"选项卡中设置自选图形填充色为红色，线条颜色为无色。

⑥ 从"绘图"工具栏中单击"自选图形"按钮，选择"标注"中的一种图形，插入到文档中。在标注内输入"一颗红心"，设置隶书、二号、加粗，设置填充色为绿色。

【例 3.5】　图形插入示例，制作如图 3.5-5 所示的图形。

其操作步骤类同上例，注意图形中的红旗是采用自选图形中的"星与旗帜"进行绘制的，云彩是采用自选图形中的"标注"进行绘制的。

4. 插入剪贴画图片

Word 可以插入大量的精美图片，使文档增色不少。其操作方法如下：

① 在文档中定位插入图片的位置。

② 选择"插入/图片/剪贴画"菜单命令。

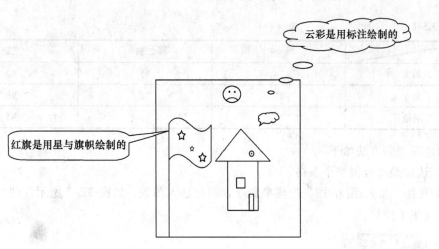

图 3.5-5　绘图示例

③ 在"剪贴画"窗格中，单击"管理剪辑"，出现"剪辑管理区"对话框，如图 3.5-6 所示。

④ 选定想要的图片，右击或单击下拉箭头，在菜单中选择"复制"。

⑤ 在文档中定位插入图片的位置，右击，在快捷菜单中选择"粘贴"即可插入。

5. 表格数据生成统计图

（1）创建图表

Word 可以将表格数据生成直方图、饼图、线图等二维统计图和锥形、柱形等三维统计图。下面，以表 3.5-1 为例来绘制直方图。

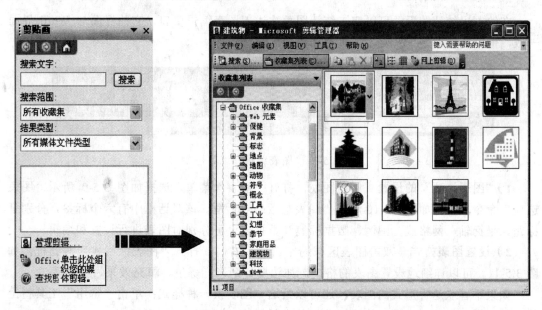

图 3.5-6　"插入/图片/剪贴画"菜单命令的执行

表 3.5-1

	一班	二班	三班
语文	76	85	92
数学	87	75	98
英语	76	86	85

创建图表的方法如下：

① 选定操作范围整个表格。

② 使用"插入/图片/图表"菜单命令，即可插入图表，如图 3.5-7 所示，同时 Word 的界面也发生了变化。

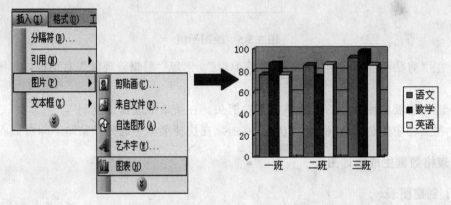

图 3.5-7 "插入/图片/图表"菜单命令的执行

（2）设置图表

在绘制出统计图后，可以双击统计图再次进入图表编辑窗口，它的界面与 Word 界面一致，但工具栏发生了变化，工具栏如图 3.5-8 所示。

图 3.5-8 "图表编辑"工具栏

1）"图表选项"的设置 单击图表，打开"图表"菜单，选择如图 3.5-9 所示"图表选项"命令，打开如图 3.5-10 所示"图表选项"对话框。该对话框中有六个标签，分别是标题、坐标轴、网格线、图例、数据标签和数据表，可分别对图表进行设置和编辑。

2）设置图表格式 双击图表区域的空白处，右击，打开"图表区格式"对话框，如图 3.5-11，可以详细地设置图表的格式，如边框、阴影、颜色、填充效果、字体等。

如果不喜欢这种形式的图表，还可以给这个图表换一种样式：单击"常用"工具栏上的"图表类型"按钮的下拉箭头，选择其中的样式，如图 3.5-12 所示。

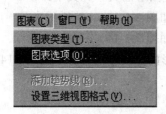

图 3.5-9　"图表"菜单

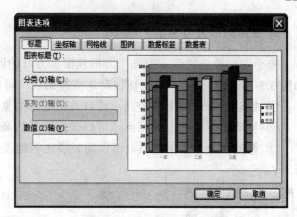

图 3.5-10　"图表选项"对话框

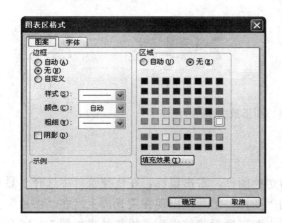

图 3.5-11　"图表区格式"对话框

图 3.5-12　"图表类型"按钮

利用"图表类型"可以选择统计图的类型；可以选择显示/隐藏数据轴网格线、分类轴网格线；可以按行或按列显示，如图 3.5-13 所示为按列显示，注意它与图 3.5-7 所示的按列显示的区别；可以通过"图例"来选择图形显示示例；可以给统计图填充颜色；可以按"绘图"钮绘制出统计图。用鼠标单击图表外的任一处返回 Word 窗口。

以上是生成直方图的过程。饼图、线图等统计图的生成方法与此类似。

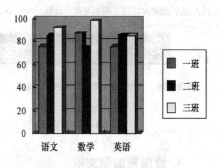

图 3.5-13　生成的直方图

▶ 3.5.2　图形的编辑

图形的删除、移动、复制、加边框和底纹的操作方法和文档中字和句子的操作基本一样。前提是先选中要编辑的图形。另外，也有许多不同之处。

1. 图形的选择

图形的选择很简单，单击该图即可。

2. 图形的放大与缩小

一个图形被选定后，由一个方框包围。方框的四条边线和四个角上各有一个实形控点如图 3.5-14（a）所示，用鼠标拖动这些控制块，可以改变图形的大小。其中：

① 拖动左右边线上的控点，可以改变图形的宽度，如图 3.5-14（b）所示。

② 拖动上下边线上的控点，可以改变图形的高度，如图 3.5-14（c）所示。

③ 拖动四个角上的控点，可以同时成比例地改变图形的宽度和高度，如图 3.5-14（d）所示。

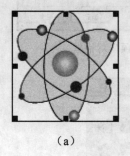 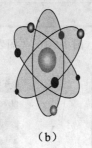 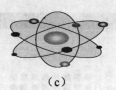

（a）　　　　　　（b）　　　　　　（c）　　　　　　（d）

图 3.5-14　图形放大/缩小示例

3. 图形的剪切

剪切图形的操作方法为：单击要剪切的图形，右击鼠标，在快捷菜单中选择"显示图片工具栏"，此时，如图 3.5-15 所示的"图片"工具栏出现在荧光屏上；在"图片"工具栏中单击"裁剪"按钮，拖动图形控制点即可进行裁剪操作，操作结果如图 3.5-16 所示。

插入图片 增加对比度 增加亮度 裁剪 文字环绕 设置透明度 重设图片

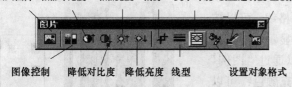

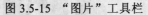

图像控制　　降低对比度　降低亮度　线型　　　设置对象格式

图 3.5-15　"图片"工具栏　　　　　　　　　图 3.5-16　"图形剪切"示例

4. 给图形加图文框

利用图文框可以在文档中为图形（或其他对象）精确定位，提供文本环绕功能，从而实现图文混排效果。加图文框前先选择图形，后选择"插入/文本框"命令可以给图形加图文框。

5. 图片的版式

选中图片，单击"图片"工具栏上的"文字环绕"按钮，从弹出的菜单中选择其中的一种环绕方式，如"四周型环绕"，文字就在图片的周围排列了，如图 3.5-17 所示。

或选中图片，右击，在快捷菜单中，选择"设置图片格式"命令，打开"设置图片格式"

对话框，单击"版式"标签，如图 3.5-18 所示，从中选择需要的环绕方式和水平对齐方式。

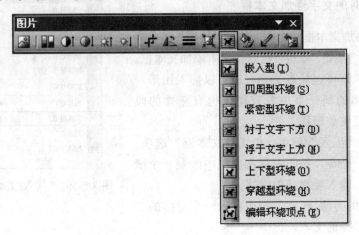

图 3.5-17　图片环绕设置

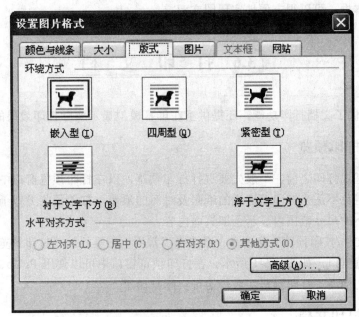

图 3.5-18　"版式"对话框

▶ 3.5.3　插入文本框

1. 文本框的插入

　　① 选择"插入/文本框/横排"菜单命令，如图 3.5-19 所示，在文档中拖动鼠标，可以插入一个空的横排文本框；插入竖排的文本框只要使用"竖排"命令就可以了。

　　② 单击"绘图"工具栏上的"文本框"按钮，在文档中拖动鼠标，可以插入一个空的文本框。

2. 给已有的文字添加文本框

选中要添加文本框的文本，单击"绘图"工具栏上的"文本框"按钮，就可以给这些文本添加文本框。

文本框里既可以输入文字，也可以插入图形。

若在文档的同一页中既有横排也有竖排的段落，用文本框来处理很方便。

① 打开"插入"菜单，单击"文本框"选项，单击"横排"命令，按下左键在文档中绘制一个横排的文本框，输入要横排的文字。

② 同样的方法，再在文档中插入一个竖排的文本框，输入竖排的文本。

③ 调整好这两个文本框的大小和位置就可以了。

使用文本框，可以很方便地实现图文混排。

图 3.5-19　"插入/文本框/横排"菜单

3.6　打　印　文　档

Word 提供了文档打印功能，还提供了在屏幕模拟显示实际打印效果的打印预览功能。

▶ 3.6.1　打印预览

在文档正式打印之前，一般先要进行打印预览，以在打印预览窗口中显示文档的当前页面，从而避免不适当打印而造成的纸张及时间的浪费。打印预览类似于页面模式，但可以在一个缩小的尺寸范围内显示全部页面内容。

选择"文件/打印预览"菜单命令或选择"常用"工具栏的"打印预览"按钮，屏幕将显示打印预览窗口，如图 3.6-1 所示。在打印预览窗口中可以使用 PgUp、PgDn 按键进行翻页显示。文档经"打印预览"后，便可实际打印了。

▶ 3.6.2　打印文档

Word 打印操作步骤如下：

① 选择"文件/打印"菜单命令，或选择"常用"工具栏中的"打印"按钮，屏幕显示"打印"对话框，如图 3.6-2 所示。

② 在"打印"对话框中，选择确定打印机名称、打印页面范围（全部、当前页、页码范围）、打印内容、打印份数等。选项"打印到文件"可以把打印内容以文件形式存到磁盘上。

③ 选择"确定"按钮后，即开始打印。当然，在正式打印前应连通打印机，装好打印纸，并打开打印机开关。

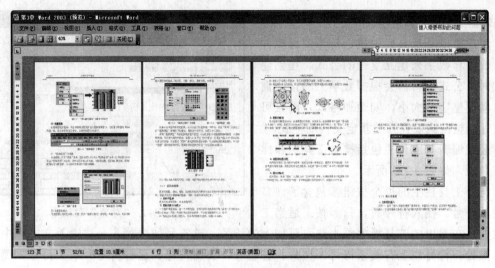

图 3.6-1 打印预览窗口

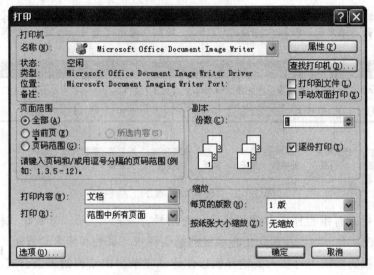

图 3.6-2 "打印"对话框

3.7 公 式 的 编 辑

使用 Word 辅助应用程序公式编辑器（Equation Editor），可以在 Word 文档中加入分数、指数、微分、积分、级数以及其他复杂的数学符号，创建数学公式。

启动公式编辑器创建公式的方法是：

① 先在文档中定位要插入公式的位置。

② 选择"插入/对象"菜单命令，屏幕显示"对象"对话框，如图 3.7-1 所示。

③ 从"新建"选项卡的"对象类型"列表框中选取"Microsoft Equation 3.0"后单击"确定"按钮，或者直接双击"Microsoft Equation 3.0"便启动了公式编辑器。Word 将显示出公

式编辑器的菜单工具栏和输入公式的文本框。

用户可以从工具栏中挑选符号或样板并键入变量和数字来建立复杂的公式。在创建公式时，公式编辑器会根据数学上的排印惯例自动调整字体大小，间距和格式，而且可以自行调整格式设置并重新定义自动样式。

公式编辑器工具栏包括符号工具栏和样板工具栏，如图 3.7-2 所示。

符号工具栏上的每个按钮都包含了许多相关的符号。插入符号时，只需按下适当工

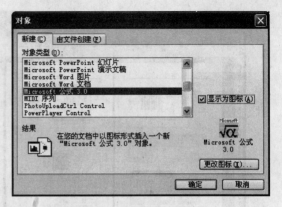

图 3.7-1 "对象"对话框

具按钮，在弹出的工具板中单击选取要加入的符号，该符号便会加入公式输入文本框中的插入点处。符号栏上有关系符号、空格、省略号、装饰符号、运算符号、箭头符号、逻辑符号、集合论符号、杂集符号、小写希腊字母等。

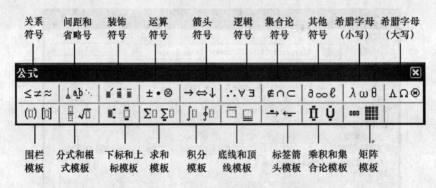

图 3.7-2 "公式编辑器"工具栏

样板工具栏上有围栏样板（像圆括号、方括号、花括号等）、分数根式样板、上下标样板、累加样板、上下划线样板、带有标签的箭头样板、累乘和集合论样板、矩形样板等。用户可以在样板的插槽内再插入其他样板以便建立复杂层次结构的多级公式。

在文本框中创建完公式之后，单击公式以外的任何区域即可返回文档状态。如果要重新编辑，只需双击公式即可重新回到公式编辑器窗口。

3.8 样 式 与 模 板

▶ 3.8.1 样式

1. 样式的概念

样式是一组已命名的字符和段落格式的组合。样式是 Word 的强大功能之一，通过使用样式可以在文档中对字符、段落和版面等进行规范、快速的设置。当定义一个样式后，

只要把这个样式应用到其他段落或字符，就可以使这些段落或字符具有相同的格式。

使用样式的优越性主要体现在如下几个方面：

① 为文档中各段落、字符格式的统一提供了方便、快捷的编排手段。

② 使得对文件格式进行的修改更为容易。无论何时，只要修改样式的格式，就可一次改变文件中具有同样样式的所有段落格式。

③ 使用简单，只要从列表中选定一个新样式，即可完成对选中段落的格式编排。

2. 样式的建立与修改

（1）建立样式

选择"格式/样式和格式"菜单命令，在如图 3.8-1 所示的"样式和格式"窗格中，单击"新样式"，输入样式名以及对样式的格式进行设置。

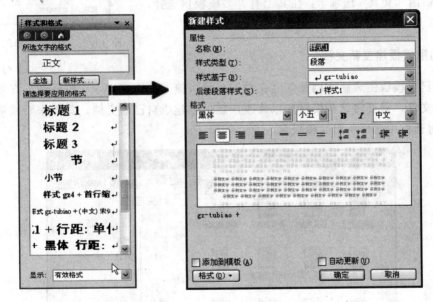

图 3.8-1　"样式"建立步骤

（2）已有样式的修改或删除

单击样式名，再单击其右边的下拉按钮，在出现的菜单中，选择相应的命令即可，如图 3.8-2 所示。

3. 应用样式编排文档

应用已有样式编排文档时，首先选定段落或字符，而后在格式工具栏中选择适当的样式，这些文字便按照该样式的格式编排。当然，也可以先选定样式，再输入文字。

实际上，Word 已预定义了许多标准的样式，如正文、标题、页眉、页脚等，这些样式可适用于大多数类型的文档。在格式工具栏上的样式名列表中仅列出部分标准，要观察完整的清单，可在"样式"对话框中选择"所有样式"，则样式下拉列表中便会列出所有的标准样式。

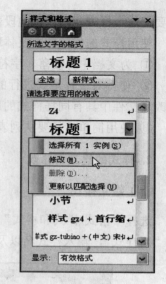

图 3.8-2 "样式"修改或删除

▶ 3.8.2 模板及其应用

模板是一种特殊文档，它提供了制作最终文档外观的基本工具和文本。Word 的默认模板名是 NORMAL.DOT（共用模板），它包含了默认菜单，对话框设置和格式。当我们建立一个新文档时，若没有选择其他类型的模板文件，Word 就会将 NORMAL.DOT 作为新文档的模板文件。

Word 针对不同的使用情况，预先提供了丰富的模板文件，使得在大部分情况下，不需要对所要处理的文档进行格式化，直接套用 Word 提供的模板，录入相应文字，即可得到满意效果。例如，发传真可直接在"模板"对话框中选择"信函和传真"选项卡，在其上有许多模板供选择，如图 3.8-3 所示。

1. 利用模板建立新文档

使用已有模板生成新文档是创建文档的一种快捷方法。在 Word 中提供了许多精心设计的模板文件，只要将这些模板加以修改，就可以建成自己的文档。其操作要领是在文件"新建"对话框中选择所用的模板名。

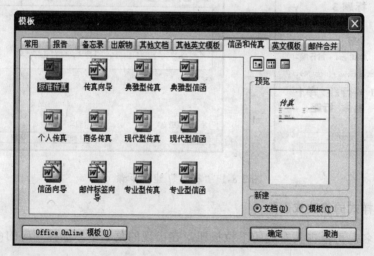

图 3.8-3 "模板"的选择

2. 模板文件的制作

所有的 Word 文档都是基于模板建立的，对于一些特殊的需求格式，最好是根据自己的需要制作一些特定的模板。制作新模板可采用以下方法。

（1）修改已有的模板或文档建立新的模板文件

用已有的模板或文档制作新模板是一种最简便的制作模板的方法。其操作要领是：打开一个要作为新模板基础的文档或模板；编辑修改其中的格式；通过"另存为"命令，命名保存即可。

如新模板由文档文件编辑而来，应选择"保存类型"为"文档模板（*.dot）"。

（2）创建新模板

当文档的格式与已有的模板和文档的格式差异过大，可以直接创建模板。模板的制作方法与一般文档的制作方法完全相同，只是保存时将扩展名改成.DOT 即可。

习　题

一、简答题

1. 简述启动 Word 的步骤。

2. Word 窗口有哪些主要组成元素？简述"常用"工具栏各按钮的功能。

3. 在 Word 窗口中如何显示和隐藏各种工具栏、符号栏和标尺？

4. 如何利用滚动条逐行、逐屏或到文首、文尾查看文档？

5. 如何输入特殊字符？

6. 选定栏的位置在哪？它的作用是什么？

7. 怎样选定一个段落、大块文本、整份文档、矩形块？

8. 工具栏和格式栏的作用各是什么？

9. 怎样复制和移动文本？

10. 如何删除选定文本？

11. Word 的"编辑"菜单中，"清除"和"剪切"的区别是什么？复制"和"剪切"又有何区别？如何实现选定文本块的长距离移动或复制？

12. 将文本中所有的"计算"改为"计算机"，将怎样操作？

13. 如何使文档中各段落的首行均缩进两个汉字？

14. 如何使段落的第一个字下沉几行？

15. 怎样给选定的段落加上项目符号和编号？

16. 如何复制选定字符的格式到其他文本？

17. 文档查看有哪几种模式？

18. 如何选定表格中的单元格、行、列以及整个表格？

19. 如果在文档的开头处是一个表格，如何在此表格前插入一段文字？

20. 如何对选定的单元格进行边框和底纹的设置？

21. 创建表格有几种方式？如何利用标尺来调整表格的布局？

22. 如何设置页面的左、右边界？

23. 在分栏打印时，使用工具栏上的"分栏"按钮，最多可设置几栏？

24. 如何创设页眉和页脚？

25. 如何将表格的部分或全部转换成文本？

26. 如何在表格中计算选定的单元格的和？

27. 图形的插入有哪几种方法？

28. 如何剪切和调整图形的大小？

29. 在 Word 文档的排版中使用"样式"有何优越性？

30. 什么是嵌入和链接？两者有何区别？

二、判断题

1. 当 Word 窗口的标题栏中有"文档 1"时，说明当前文档从未执行过保存操作。

2. 对 Word 文档窗口执行最小化操作后，此文档窗口将缩小为桌面上的一个图标。

3. 在 Word 文档内容的输入和编辑过程中，系统总是处于插入状态。

4. 在 Word 文本中进行插入、删除等更新操作时，文本会自动按左右边界进行调整。

5. 在 Word 窗口中，可以打开多个文档窗口，但其中只有一个是活动文档窗口，是各种操作生效的窗口。

6. Word 文档窗口的大小不受 Word 窗口大小的限制，即某个文档窗口执行最大化操作后，总可以覆盖整个屏幕。

7. 在 Word 中删除分页符和删除一般字符的方法一样。

8. 在 Word 的普通视图方式下，文本内容并不分成不同页面显示，只是在分页位置显示出一条虚线，这种显示模式也看不到设置的页眉/页脚。

三、填空题

1. 在输入文本时切换"中文/英文"输入模式，可按键盘的_____键；切换"全角/半角"输入模式，可按键盘的_____键。

2. 在 Word 的文档编辑中，我们常希望在每页的顶部或底部显示页码及一些其他信息。比如文章标题、作者姓名、日期或公司标志等。这些信息如果要打印在文件每页的顶部，就称之为_____，如打印在每页的底部就称之为_____。

3. 打开一个 Word 文档文件是指把该文档文件从_____调入内存，并显示其内容在窗口的文本区。

4. Word 窗口中，标尺上有三种符号，它们是_____、_____和_____。

5. 为使文档显示的每一页面都与打印后的相同，即可以查看到在页面上实际的多栏版面、页眉和页脚以及脚注和尾注等，应选择的视图方式是_____。

6. Word 提供了许多方便的工具栏，显示或隐藏这些工具栏，可以从_____菜单中选择_____命令，或在工具栏区单击_____键，以便利用弹出的对话框或"快捷菜单"作进一步的选择。

7. 创建一个新文档，可以用鼠标单击常用工具栏的_____按钮，也可以从_____菜单中选择_____命令。

8. 在 Word 中，文本区的左边有一_____区，可以用于快捷选定文字块。

9. 在 Word 中，选定一个段落时，可_____击该段落的任意一个字或单词；也可双击段落左边的选定栏。

10. 在 Word 中，要选定整个文档，可_____击选定栏或按_____组合键；也可选择_____菜单中的_____命令。

11. 在 Word 窗口的某些区域中，单击_____键，可以得到与这个区域的操作有关的快捷菜单。

12. 要将文档中某几行的内容，从 A 处移到 B 处，首先必须把这几行内容选定成黑文字块，然后从_____菜单中选择_____命令，移插入点到 B 处后，再从_____菜单中选择_____命令；也可以从常用工具栏中选择_____按钮，移插入点到 B 处后，再从常用工具栏中选择_____按钮。也可使用鼠标拖动法。

13. Word 可根据用户对纸张大小的设置进行自动分页,但也允许进行强制分页。将插入点定位在认为有必要进行分页的位置，从"插入"菜单中选择_____命令，再从出现的对话框中选择"分页符"选项按钮，击"确定"按钮，便能在插入点前插入分页符。

14. 在 Word 中，要在文档某处插入一图形，可以从_____菜单中选择_____命令。

四、单项选择题

1. Word 提供了多种存盘方式,请说明下面的存盘方式要求选取文件菜单中的何种存盘命令来实现:

（1）把一个已经打开的文件以新的名称存盘，起备份旧文件的作用，应选（　　）命令。

（2）保存当前文档，应选（　　）命令。

  （A）自动保存　　　　　　　　（B）保存

  （C）允许快速保存　　　　　　（D）另存为

  （E）全部保存　　　　　　　　（F）创建备份

2. 在 Word 中，可以利用（　　）上的各种元素，很方便地改变段落的缩排方式，调整左右边界，改变表格列的宽度和行的高度。

  （A）标尺　　　　　　　　　　（B）格式工具栏

  （C）符号工具栏　　　　　　　（D）常用工具栏

3. 在 Word 中，"视图"菜单项右边的方括号中有带下划线的字母 V，因此，打开"视图"菜单的下拉式菜单可按（　　）键。

  （A）Shift+V　　　　（B）Ctrl+V　　　　（C）Alt+V　　　　（D）Ctrl+Shift+V

4. Word 窗口"文件"菜单底部的若干文件名表明（　　）。

  （A）这些文件目前均处于打开状态

  （B）这些文件目前正排队等待打印

  （C）这些文件最近用 Word 处理过

  （D）这些文件是当前目录中扩展名为.DOC 的文件

5. Word 窗口的"窗口"菜单底部的若干文件名表明（　　）。

  （A）这些文件目前均处于打开状态

  （B）这些文件目前正排队等待打印

  （C）这些文件最近用 Word 处理过

  （D）这些文件是当前目录中扩展名为.DOC 的文件

6. 在 Word 中，选定整个文档为文本块时，需按（　　）键。

  （A）Ctrl+A　　　　（B）Shift+A　　　　（C）Alt+A　　　　（D）Ctrl+Shift+A

7. 在 Word 中，利用鼠标选定一个矩形区域的文字块时，需先按住（　　）键。

（A）Alt　　　　　（B）Shift　　　　　（C）Ctrl　　　　　（D）Enter

8. 在 Word 中选定文字块时，若块中包含的文字有多种字号，在"格式栏"的"字体大小"框中将显示（　　）。

（A）块中最大的字号　　　　　　　　（B）块中最小的字号

（C）块首字符的字号　　　　　　　　（D）空白

9. 将选定的文字块从文档的一个位置复制到另一个位置，采用鼠标拖动时，需按住（　　）键。若是移动字块，则无需按键。

（A）Alt　　　　　（B）Shift　　　　　（C）Enter　　　　　（D）Ctrl

10. 在文档编辑过程中，可以按组合键（　　）保存文档。

（A）Ctrl+S　　　　（B）Shift+S　　　　（C）Alt+S　　　　（D）Ctrl+Shift+S

11. 要把选定内容复制到剪贴板上，应使用命令（　　）。

（A）Ctrl+S　　　　（B）Shift+V　　　　（C）Ctrl+C　　　　（D）Ctrl+V

12. 要把剪贴板上内容复制到文档中，应使用命令（　　）。

（A）Ctrl+S　　　　（B）Shift+V　　　　（C）Ctrl+C　　　　（D）Ctrl+V

13. Word 保存文档的缺省扩展名是（　　），Word 模板以（　　）为扩展名。

（A）.DOC　　　　（B）.TXT　　　　（C）.WRI　　　　（D）.DOT

14. 为快速生成表格可以从常用工具栏中选择（　　）按钮。

（A）插入图表　　　（B）分栏　　　　（C）插入表格　　　（D）绘图

15. 选定表格的某一列，选择"编辑/清除"菜单命令（或按 Del 键），将（　　）。

（A）删除这一列，即表格将少一列

（B）删除该列各单元格中的内容

（C）删除该列中第一个单元格中的内容

（D）删除该列中插入点所在单元格中的内容

第4章 Excel 2003

Microsoft Excel 是微软公司推出的 Office 系列办公软件之一。其强大的功能体现在利用它不仅能够方便地制作电子表格、计算与分析数据，而且能够制作图表、创建报表、进行数据预测甚至制作网页。直观友好的界面、出色的计算能力和图表工具，再加上成功的市场营销，使得 Excel 成为目前最流行的微机数据处理软件。

如图 4.0-1 所示的"成绩表"就是一个利用 Excel 2003 制作的电子表格。通过本章内容的学习，不但可以制作出精美的表格和图表，还可以利用其强大的数据处理功能，对其中的数据进行各种统计分析。下面，就从了解 Excel 2003 的操作界面开始吧！

学习目标	● 熟悉 Excel 2003 的操作界面
	● 熟练掌握工作簿、工作表和单元格的基本操作
	● 熟练掌握数据的输入、编辑、清除及有效性设置操作
	● 熟练掌握表格的格式化操作，包括单元格和行、列的格式化
	● 熟练掌握图表的建立和编辑方法
	● 熟练掌握数据的使用与管理方法

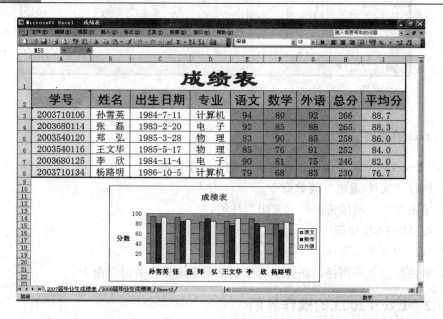

图 4.0-1 成绩表

4.1 Excel 2003 概 述

▶ 4.1.1 Excel 2003 的启动与退出

1. Excel 的启动

与 Windows 环境下许多软件一样，Excel 常用的启动方法有：

① 选择"开始"菜单中"程序/Microsoft Office/Microsoft Excel 2003"菜单命令。

② 双击桌面上的 Excel 快捷方式图标。

启动后，屏幕上出现 Excel 2003 的操作界面，如图 4.1-1 所示，表示已经成功地进入 Excel 的工作环境。

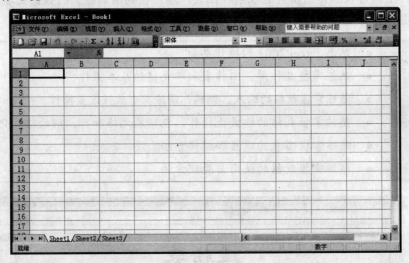

图 4.1-1 Excel 2003 的操作界面

2. Excel 的退出

退出 Excel 的方法非常多，经常使用的有以下几种：

① 执行"文件/退出"菜单命令。

② 单击窗口控制按钮中的"关闭"按钮。

③ 按 Alt+F4 快捷键。

④ 双击控制菜单图标。

⑤ 单击控制菜单图标，在弹出的控制菜单中选择"关闭"命令。

▶ 4.1.2 Excel 2003 的操作界面

Excel 2003 的操作界面如图 4.1-2 所示，其中的标题栏、菜单栏、工具栏、状态栏等常用部分与 Word 中的用法基本一致，在此不再赘述。

下面主要介绍 Excel 特有的编辑栏和工作表区部分。

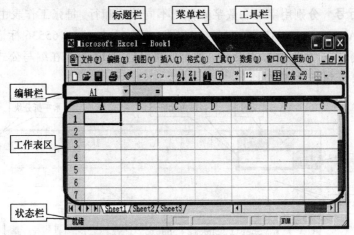

图 4.1-2 Excel 2003 的操作界面

1．编辑栏

编辑栏位于工具栏的下方，主要用于显示与编辑当前单元格中的数据或公式。编辑栏由地址框、编辑按钮区和编辑框三部分组成，如图 4.1-3 所示。

图 4.1-3 编辑栏

1）地址框 显示当前单元格的地址。

2）编辑按钮区 包括"取消"、"输入"和"插入函数"三个按钮。

单击"取消"按钮可以取消正在进行的编辑操作；单击"输入"按钮将确认该编辑操作；单击"插入函数"按钮将打开"插入函数"对话框，以选择所需函数。

3）编辑框 显示在当前单元格中输入的数据或公式，也可以在其中修改当前单元格的内容。

2．工作表区

工作表区是 Excel 操作界面的主体，由单元格、列号、行号、工作表标签栏、水平拆分块和垂直拆分块等部分组成，如图 4.1-4 所示。

1）单元格 行与列交叉处的方格称为一个单元格，是 Excel 中最基本的数据存储单位。

2）当前单元格 单击某一个单元格，该单元格即成为当前单元格。此外，还可以使用键盘方向键来改变当前单元格。

所有单元格中，只有一个单元格是当前单元格（边框为黑色），输入或修改数据的操作只能针对当前工作表的当前单元格进行。

3）列号和行号 分别用字母和数字来标记不同的列和行。每张工作表由256列（用A，B，…，Z，AA，AB，…，IV标记）、65536行（用1，2，…，65536标记）组成。单元格的地址用"列号+行号"的方式表示，如单元格A1，B12等。在编写公式或引用地址的时候，经常需要用到单元格地址。

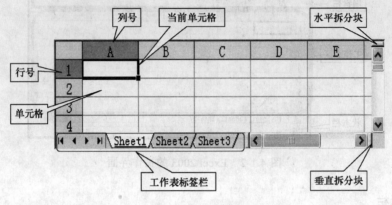

图 4.1-4　工作表区

4）工作表标签栏 显示当前工作簿中包含的工作表名称，由工作表标签显示按钮和工作表标签组成。当工作簿中包含多张工作表时，用工作表标签显示按钮来显示标签栏中没有显示出来的工作表标签。

5）水平/垂直拆分块 拖动水平/垂直拆分块到表中任意一行/列时，可将工作表分成上下/左右两部分，每部分都具有一个垂直/水平滚动条。当滚动显示一部分的内容时，另一部分相对静止不动，以便显示、处理更多的数据。

4.2　工作簿、工作表和单元格

▶ 4.2.1　工作簿、工作表和单元格的关系

工作簿、工作表和单元格是 Excel 中存储和组织数据的工作平台。一个工作簿中可以包含多张工作表，而一张工作表由多个单元格构成，它们之间的关系如图 4.2-1 所示。

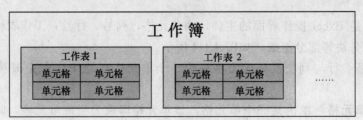

图 4.2-1　工作簿、工作表和单元格的关系

▶ 4.2.2 工作簿的基本操作

工作簿是用于计算和存储数据的文件，也就是通常所说的 Excel 文件。当 Excel 启动时，系统会自动开启一个新的工作簿窗口，默认文件名为 "Book1"。

对工作簿的基本操作主要有新建、保存、关闭和打开等。

1. 新建工作簿

在 Excel 中新建一个工作簿的方法有以下几种：

① 启动 Excel 时，会自动生成一个名为 "Book1" 的工作簿。

② 单击常用工具栏中的 "新建" 按钮。

③ 按 Ctrl+N 快捷键。

④ 执行 "文件/新建…" 菜单命令，弹出 "新建工作簿" 对话框如图 4.2-2 所示。

方法一　单击 "空白工作簿" 超级链接，将基于通用模板直接建立一个新工作簿。

方法二　单击 "根据现有工作簿…" 超级链接，将基于指定工作簿的样式建立新工作簿。

图 4.2-2　"新建工作簿" 对话框

方法三　在 "模板" 标题下单击 "本机上的模板…" 超级链接，弹出 "模板" 对话框，可以根据实际需要在 "常用"、"报告"、"备忘录" 等九个选项卡中选择模板，如图 4.2-3 所示。

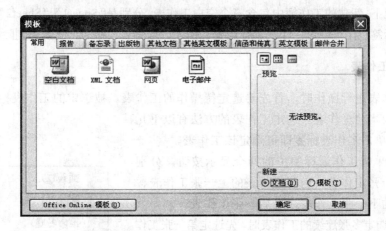

图 4.2-3　"模板" 对话框

利用模板建立新工作簿是最简单、最直接的方法，容易为初学者所理解和接受。在安装 Excel 时，如果选择安装 "模板、向导" 项，则会在系统中装入许多现成模板，供用户使用时选择。

另外，单击 "Office Online 模板" 或 "网站上的模板…"，可以得到更为专业的模板，如书籍模板、论文模板等。

2. 保存工作簿

对工作簿进行编辑后，需要保存。保存的方法有以下两种：

① 新建工作簿后，单击常用工具栏中的"保存"按钮，或者执行"文件/保存"菜单命令，在弹出的"另存为"对话框中指定保存的路径和文件名，单击"保存"按钮。

② 保存已有的工作簿时，单击常用工具栏中的"保存"按钮，将不更改保存位置和文件名；或执行"文件/另存为…"菜单命令，在弹出的"另存为"对话框中，重新指定保存的路径和文件名后，单击"保存"按钮。

保存工作簿时，生成的 Excel 文件的扩展名为.XLS。

3. 关闭工作簿

保存对工作簿的编辑保存之后，需要关闭该工作簿。

方法是：单击工作簿窗口菜单栏右侧的"关闭"按钮，或执行"文件/关闭"菜单命令，可以关闭当前工作簿。

4. 打开工作簿

若要对某个工作簿进行浏览或编辑，需要打开这个工作簿。

方法是：执行"文件/打开…"菜单命令，或者单击常用工具栏中的"打开"按钮，在弹出的"打开"对话框中选择要打开的工作簿文件后，单击"打开"按钮即可。

▶ 4.2.3 工作表的基本操作

默认情况下，新建的工作簿中包含三个空白工作表，分别是"Sheet1"、"Sheet2"和"Sheet3"。利用工作表标签栏，可以对工作表进行选定、插入、重命名、移动、复制和删除等操作。

1. 选定工作表

在对工作表进行操作时，首先要选定待操作的工作表。被选定的工作表标签呈白色凹陷显示，称为当前工作表。选定工作表的方法有以下几种：

① 直接单击工作表标签即可选定该工作表。

② 依次单击工作表标签中的四个显示按钮，分别可以选定第一张工作表、当前工作表的上一张工作表、当前工作表的下一张工作表或最后一张工作表。

③ 同时选定多张连续的工作表时，先选定第一张工作表，按住 Shift 键后，再单击需要的最后一张工作表标签。

④ 同时选定多张不连续的工作表时，先选定其中一张工作表，按住 Ctrl 键后，再逐一单击其他需要的工作表标签。

⑤ 选定所有工作表时，只需在任意一张工作表标签上右击，在弹出的快捷菜单中选择"选定全部工作表"命令，如图 4.2-4 所示。

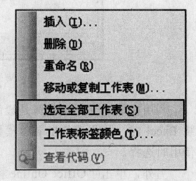

图 4.2-4 "工作表标签"快捷菜单

2. 插入工作表

　　一个工作簿中可以拥有多张不同类型的工作表，最多可达 255 张。如果默认包含的 3 张工作表无法满足需要，还可以在工作簿中添加新工作表。常用的方法有两种：

　　① 执行"插入/工作表"菜单命令。

　　② 在"工作表标签"快捷菜单中选择"插入…"命令，弹出"插入"对话框如图 4.2-5 所示。选择"常用"选项卡中的"工作表"图标，单击"确定"按钮。

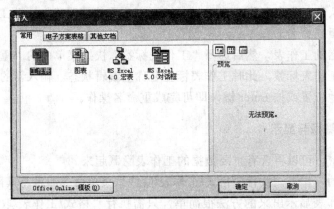

图 4.2-5　"插入"对话框

　　以上两种方法都可以在当前工作表之前插入一张新工作表，并且该新工作表将成为当前工作表。

3. 移动或复制工作表

　　移动或复制工作表的操作可以在一个工作簿内部进行，也可以在两个工作簿之间进行，即将一个工作簿中的某个工作表移动或复制到另一个工作簿中。

　　将一张工作表移动到当前工作簿的其他位置并复制一份，常用的方法有两种：

　　① 选定待移动的工作表，然后选择"工作表标签"快捷菜单中的"移动或复制工作表…"命令，弹出"移动或复制工作表"对话框，如图 4.2-6 所示。在"工作簿"下拉列表框中选择当前工作簿名称，并在"下列选定工作表之前"列表框中选择目标位置，然后单击"确定"按钮，即可移动该工作表。若同时选中"建立副本"复选框，则会复制该工作表。

　　② 选定待移动或复制的工作表，拖动鼠标（此时标签行上方出现一个小黑三角）到目标位置后释放，即可移动该工作表。如果拖动的同时按下 Ctrl 键，则会复制该工作表。

图 4.2-6　"移动或复制
工作表"对话框

4. 删除工作表

当不需要某些工作表时，可以将其从工作簿中删除。

选定待删除的工作表，执行"编辑/删除工作表"菜单命令，或选择"工作表标签"快捷菜单中的"删除"命令，即可删除指定工作表。

5. 重命名工作表

有时候，默认的工作表名称"Sheet1"、"Sheet2"不能够明确地区分工作表，用户可以根据需要对它们重新命名。

选定待重命名的工作表，然后选择"工作表标签"快捷菜单中的"重命名"命令，或双击待重命名的工作表标签，此时工作表标签名称呈编辑状态。输入新的工作表名称，然后单击工作表其他位置或按 Enter 键，即可完成重命名操作。

6. 工作表的隐藏与显示

为了数据保密，可以将含有重要数据的工作表隐藏起来。

选定待隐藏的工作表，执行"格式/工作表/隐藏"菜单命令即可将其隐藏。

将隐藏的工作表显示出来的方法很简单，只需执行"格式/工作表/取消隐藏"菜单命令即可将其恢复显示。

▶ 4.2.4　单元格的基本操作

单元格是 Excel 中最基本的元素，输入和保存数据都在单元格中进行。下面介绍选定、插入和删除单元格的方法。

1. 选定单元格

1）选定一个单元格　将光标移动至待选定的单元格上，当光标变成空心十字形状时，单击即可。被选定的单元格即是当前单元格。

2）选定多个连续的单元格　通过以下两种方法选定多个连续的单元格。

① 选定一个单元格后，按住左键拖动鼠标至另一单元格后释放，即选定了以这两个单元格为对角点的区域，以蓝色显示，如图 4.2-7 所示。

② 单击待选定区域左上角的单元格，按住 Shift 键不放，再单击目标区域右下角的单元格，即选定了以这两个单元格为对角点的区域。当选择区域较大时这样操作比较方便。

在 Excel 中，采用"左上角单元格地址:右下角单元格地址"的形式来标记区域的地址，如"B3:E9"表示以 B3 单元格和 E9 单元格为对角点所形成的矩形区域。

3）选定多个不连续的单元格　选定其中一个单元格后，按下 Ctrl 键不放，再逐一选定需要的其他单元格或区域。

4）选定整行或整列单元格　单击行号标记或列号标记，即可选定整行或整列单元格。

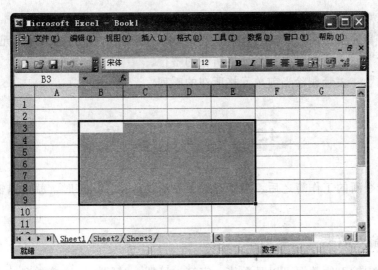

图 4.2-7 选择连续的多个单元格

5）选定连续的多行或多列 在行号标记或列号标记上按下左键并拖动鼠标，覆盖待选择的所有行号或列号后释放，即可选定连续的多行或多列。

6）选定全部单元格 单击当前工作表左上角行号所在列与列号所在行的交叉处，或按 Ctrl+A 快捷键，均可选定当前工作表的全部单元格。

7）释放选定的单元格区域 在所选区域外的任意空白处单击，即可释放被选定的区域。

2. 插入单元格

在工作表中插入单元格时，首先选定一个单元格，表示将在此位置插入一个空单元格。然后执行"插入/单元格…"菜单命令或快捷菜单中的"插入"命令，弹出"插入"对话框，如图 4.2-8 所示。

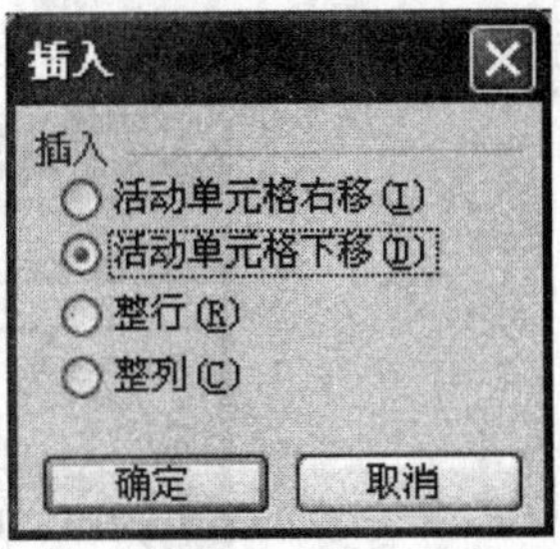

1）"活动单元格右移" 表示插入一个空单元格，同时将当前单元格及右侧的所有单元格右移一列。

图 4.2-8 "插入"对话框

2）"活动单元格下移" 表示插入一个空单元格，同时将当前单元格及下方的所有单元格下移一行。

3）"整行" 表示在当前单元格所在行的上方插入一行单元格。

4）"整列" 表示在当前单元格所在列的左侧插入一列单元格。

3. 删除单元格

删除操作是将选定的单元格删除。首先选定待删除的单元格，然后执行"编辑/删除"菜单命令或快捷菜单中的"删除"命令，弹出"删除"对话框，如图 4.2-9 所示。

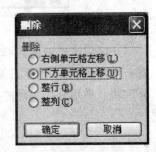

1）"右侧单元格左移" 表示删除选定单元格，同时将它右

图 4.2-9 "删除"对话框

侧的所有单元格左移一列。

2）“下方单元格上移” 表示删除选定单元格，同时将它下方的所有单元格上移一行。

3）“整行” 表示删除当前单元格所在的整行。

4）“整列” 表示删除当前单元格所在的整列。

4.3 制 作 表 格

建立了一个新的工作簿之后，当状态栏上显示“就绪”状态时，就可以输入所需的表格内容了。

4.3.1 输入数据

向单元格中输入的数据可以是数值、字符、日期、时间、批注等类型，主要以键盘输入方式为主。常用的输入方法有如下几种：

① 单击待输入的单元格，输入内容后按 Enter 键或单击编辑按钮区的“输入”按钮。

② 双击待输入的单元格，当出现光标插入点后输入内容，再按 Enter 键或单击编辑按钮区的“输入”按钮。

③ 选定待输入的单元格后，单击编辑栏，当出现光标插入点后输入内容，再按 Enter 键或单击编辑按钮区的“输入”按钮。

【例 4.1】 建立如图 4.3-1 所示的成绩表。

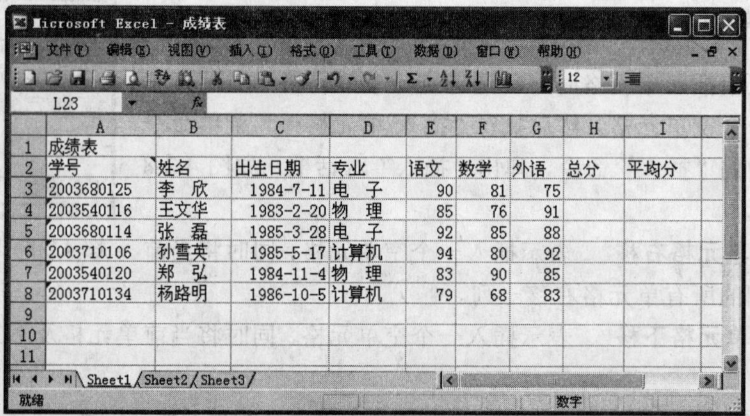

	A	B	C	D	E	F	G	H	I
1	成绩表								
2	学号	姓名	出生日期	专业	语文	数学	外语	总分	平均分
3	2003680125	李 欣	1984-7-11	电 子	90	81	75		
4	2003540116	王文华	1983-2-20	物 理	85	76	91		
5	2003680114	张 磊	1985-3-28	电 子	92	85	88		
6	2003710106	孙雪英	1985-5-17	计算机	94	80	92		
7	2003540120	郑 弘	1984-11-4	物 理	83	90	85		
8	2003710134	杨路明	1986-10-5	计算机	79	68	83		
9									
10									
11									

图 4.3-1 成绩表

从图中可以看出，标题、所有字段名及“学号”、“姓名”和“专业”字段的字段值均属于字符类型；“出生日期”字段的字段值属于日期类型；“语文”、“数学”、“外语”、“总分”和“平均分”字段的字段值属于数值类型。

1. 输入字符

字符型数据由一个或多个字符组成，输入的字符在单元格中会自动靠左对齐，也称“左对齐格式"。如果需要输入由数字组成的字符串，须在其前加单引号"'"，否则 Excel 会将其按数值处理。例如，要输入字符串"001"，应输入"'001"；或者先输入一个等号"="，再在字符串前后加双引号，例如输入"="001""。

本例中，选定 A1 单元格输入标题"成绩表"，选定 A3 单元格输入"'2003680125"。依此类推，输入其余的字符型数据。

2. 输入数值

数值是指能够参加算术运算的数据。在 Excel 中，能用来表示数值的字符有：0～9、+、-、(、) 、/ 、$、%、. 、E、e 等。

单元格中允许输入整数、小数和分数。输入小数时，可以使用日常计数法，也可以使用科学计数法。

日常计数法就是人们在日常生活中习惯使用的十进制计数法，它由正号、负号、整数、小数点及小数部分组成。例如：+3.14159，-2.5 等。

科学计数法是一种采用指数形式计数的方法，一般由尾数部分、字母 e（或 E）及指数部分组成。例如：3.5e-6（表示 3.5×10^{-6}），-0.13E+4（表示-0.13×10^4）。

在输入分数时应注意，要先输入 0 和空格。例如输入 1/4，正确的输入是"0 1/4"，否则 Excel 会将分数当成日期。

输入到单元格中的数值型数据自动靠右对齐。

本例中，选定 E3 单元格输入"90"。依此类推，输入"语文"、"数学"和"外语"字段的字段值。

3. 输入日期和时间

有些计算中，需要将日期或时间当作参数，例如计算年龄、利息、工程进度等。Excel 具有对日期和时间的运算能力。

日期和时间的显示形式有很多种，例如，输入"5/4"，一般在单元格中显示"5 月 4 日"。如希望显示的是"2008/5/4"或"2008 年 5 月 4 日"，则需要重新设置日期或时间显示格式。

在单元格中输入的日期一般右对齐显示。

本例中，选定 C3 单元格，输入"1984-7-11"。依此类推，输入该字段其余的字段值。

4. 输入批注

给单元格中的数据添加一些注释信息，可以帮助使用者更好地理解数据的含义。这些注释信息称为批注，平时隐藏在单元格中，需要时可以调出查看。

给单元格添加批注的操作方法是：选择"插入/批注"菜单命令，在弹出的输入框中输入批注内容，如图 4.3-2 所示。此时，该单元格的右上角出现一个红色小三角，表示该单元格含有批注。

当含有批注的单元格是当前单元格时，批注会显示在该单元格的旁边。如果要修改批注，可以执行"插入/编辑批注"菜单命令。如果在批注输入完成后，单元格的右上角没有出现红色小三角，说明此时批注是隐藏的，可以执行"工具/选项…"菜单命令，在弹出的如图 4.3-3 所示的"选项"对话框"视图"选项卡中，选取"只显示标识符"选项来查看批注。

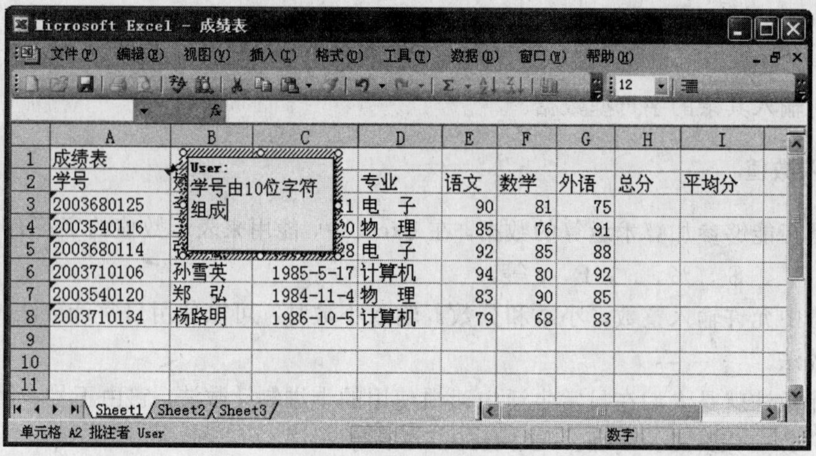

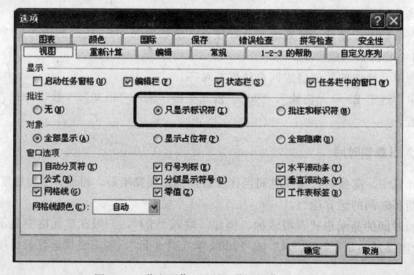

图 4.3-2　输入批注

图 4.3-3　"选项"对话框"视图"选项卡

5. 快速填充

在输入数据时，经常会遇到相邻单元格的数据值密切相关的情况。一个个地选定单元格再输入的做法显然很麻烦，这时可以使用快速填充功能来提高工作效率。

【例 4.2】　将如图 4.3-1 所示的成绩表中的"专业"字段值全部改为"计算机"。

具体操作如下：

① 单击单元格 D3，输入"计算机"。

② 将光标移动至 D3 单元格右下角的填充柄上，此时光标变为实心十字形状，按住鼠标左键向下拖动至 D8 单元格后释放，如图 4.3-4 所示，即可完成相同数据的快速填充。

【例 4.3】　在工作表 Sheet2 的 A1:A10 单元格区域中输入数字 1～10。

具体操作如下：

① 单击"Sheet2"工作表标签，使得 Sheet2 成为当前工作表。

② 在单元格 A1 中输入"1"。

③ 在单元格 A2 中输入"2"。

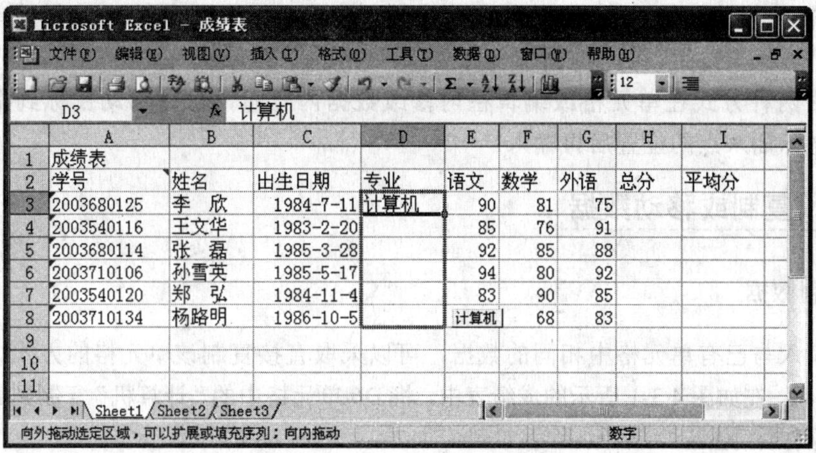

图 4.3-4　快速填充"计算机"

④ 选定"A1:A2"区域，并将光标移动到 A2 单元格右下角的填充柄上，此时光标变为实心十字形状，按住鼠标左键向下拖动至 A10 单元格后释放，如图 4.3-5 所示，即可完成序列的快速填充。

图 4.3-5　快速填充"1，2，…，10"

▶ 4.3.2　编辑数据

对于初学者来说，输入错误在所难免。当发现输入的内容有错误时，可以进行编辑和修改。

单元格中的数据内容可以一次性全部被修改，也可以只修改其中的一部分。根据具体情况，在下列方法中做选择：

① 单击待修改的单元格后，直接输入正确数据，则原有数据内容全部被替换。

② 双击待修改的单元格，当出现光标插入点后，选择待修改的数据内容，然后输入正确的数据，按 Enter 键或单击编辑按钮区中的"输入"按钮。

③ 单击待修改的单元格后，在编辑栏中输入正确数据，然后按 Enter 键或单击编辑按钮区中的"输入"按钮。

采用后两种方式在单元格或编辑栏内修改数据内容时，可以移动鼠标到指定位置单击，确定光标插入点的位置后再输入。

▶ 4.3.3 复制或移动数据

1. 复制数据

若要输入与已有单元格中相同的数据，可以采取直接复制该单元格的方式。

【例 4.4】 在如图 4.3-1 所示的成绩表中，将 D6 单元格中的"计算机"复制到 D8 单元格。具体操作如下：

① 选定要复制的 D6 单元格。

② 右击该单元格，在弹出的快捷菜单中选择"复制"命令或单击常用工具栏中的"复制"按钮，此时 D6 单元格呈虚线框显示，如图 4.3-6 所示。

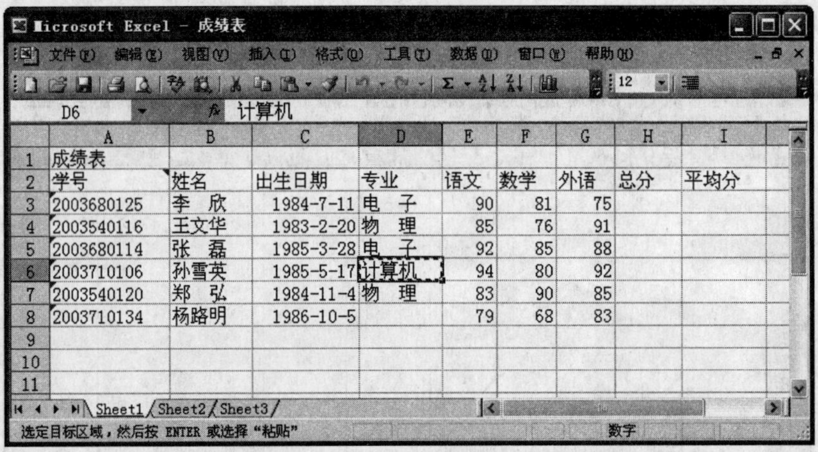

图 4.3-6　复制 D6 单元格

③ 右击 D8 单元格，在弹出的快捷菜单中选择"粘贴"命令或单击常用工具栏中的"粘贴"按钮，即可将数据复制到指定的 D8 单元格中。

2. 移动数据

移动数据的操作方法与复制数据基本相同，只是在第②步中选择快捷菜单中的"剪切"命令或常用工具栏中的"剪切"按钮。

▶ 4.3.4　查找与替换数据

在对单元格数据进行操作时，有时需要在一张工作表中查找和替换数据。人工查找的过程很繁琐，这时可以利用 Excel 2003 提供的查找和替换功能来快速准确地完成操作。

1. 查找数据

【例 4.5】　在如图 4.3-1 所示的成绩表中查找"郑弘"。

具体操作如下：

① 执行"编辑/查找…"菜单命令，弹出"查找和替换"对话框如图 4.3-7 所示。

② 在"查找内容"文本框中输入"郑弘"。单击"查找下一个"按钮，被找到的单元格便会处于活动状态。

图 4.3-7　"查找和替换"对话框"查找"选项卡

2. 替换数据

【例 4.6】　在如图 4.3-1 所示的成绩表中，将"杨路明"替换为"杨鲁明"。

具体操作如下：

① 执行"编辑/替换…"菜单命令，弹出"查找和替换"对话框如图 4.3-8 所示。

② 在"查找内容"文本框中输入"杨路明"，在"替换为"文本框中输入"杨鲁明"。单击"替换"按钮即可。

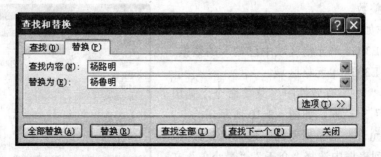

图 4.3-8　"查找和替换"对话框"替换"选项卡

▶ 4.3.5　清除数据

清除操作可以把不需要的数据删去。

【**例 4.7**】　在如图 4.3-1 所示的成绩表中，将"C3:C8"区域的数据全部清除。

具体操作如下：

① 选定待清除的区域"C3:C8"。

② 执行"编辑/清除"菜单命令，在其级联子菜单中，从"全部"、"格式"、"内容"和"批注"中选择适合的菜单命令，完成清除操作，如图 4.3-9 所示。如果只清除内容，也可以在选定待清除的区域后直接按 Del 键。

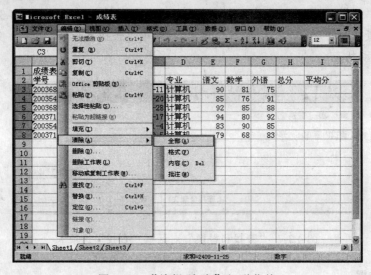

图 4.3-9　"编辑/清除"级联菜单

▶ 4.3.6　设置数据有效性

可以为某个单元格或某个单元格区域指定一个输入的条件，这样当用户输入不符合条件的数据时，系统将会给出出错提示。

【**例 4.8**】　在如图 4.3-1 所示的成绩表中，设置 E3:G8 单元格区域的数据有效性条件为"0～100"的整数。

具体操作如下：

① 清除 E3:G8 单元格区域中已输入的数据。

② 选定 E3:G8 单元格区域。

③ 执行"数据/有效性…"菜单命令，弹出"数据有效性"对话框，如图 4.3-10 所示。

④ 在"允许"下拉列表框中选择"整数"，"数据"下拉列表框中选择"介于"，"最小值"文本框中输入"0"，"最大值"文本框中输入"100"。

⑤ 单击"确定"按钮。

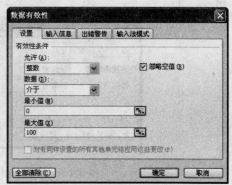

图 4.3-10　"数据有效性"对话框

4.4 格 式 化 设 置

对于工作表中输入的数据，仅仅要求它们是正确的还不够，还要求能够按照需要的格式化显示出来。

与 Word 相比，Excel 的格式工具栏中，除了常用的"字体"、"字号"、"对齐方式"等按钮外，还有一些特殊的按钮，如图 4.4-1 所示。

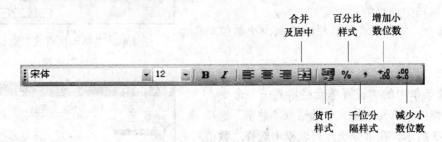

图 4.4-1　格式工具栏

1）"合并及居中"按钮　使选定区域的多个单元格合并为一个，并且数据居中显示。

2）"货币样式"按钮　在数据前加人民币符号"￥"，并对数据四舍五入后取整数部分。

3）"百分比样式"按钮　将原数据乘以 100 后再加百分号。

4）"千位分隔样式"按钮　在数据的整数部分中加入千位分隔符","。

5）"增加小数位数"按钮　使选定区域的数据的小数位数增加 1 位。

6）"小数位数递减"按钮　使选定区域的数据的小数位数减少 1 位。

▶ 4.4.1　设置单元格格式

对单元格中的数据和单元格格式的设置包括设置字体格式、数字格式、对齐方式、边框和底纹、合并与拆分单元格等。

1. 设置字体格式

输入的数据默认显示格式为宋体 12 号。通过改变数据的字体、大小和颜色，可以使表格中的数据看起来更醒目，界面也更加美观。

【例 4.9】 在如图 4.3-1 所示的成绩表中，设置标题"成绩表"的字体为"隶书"，字号为"48"，字形为"加粗"，颜色为"红色"。

具体操作如下：

① 选定标题所在的单元格 A1。

② 执行"格式/单元格…"菜单命令，或选择快捷菜单中"设置单元格格式…"命令。

③ 弹出"单元格格式"对话框"字体"选项卡如图 4.4-2 所示，在"字体"、"字号"、"字形"、"颜色"列表框中各选择"隶书"、"48"、"加粗"、"红色"。

④ 单击"确定"按钮。

2. 设置数字格式

对表格中输入的分数、金额、数量等数值型数据，可以设置数字格式。

【例 4.10】 在如图 4.3-1 所示的成绩表中，将平均分字段的小数位数设置为 1 位。

具体操作如下：

① 选定平均分的字段值所在的"I3:I8"区域。

② 设置小数位数。

方法一 单击格式工具栏的"减少小数位数"按钮。

方法二 执行"格式/单元格…"菜单命令，或选择快捷菜单中的"设置单元格格式…"命令。

③ 弹出"单元格格式"对话框"数字"选项卡如图 4.4-3 所示，在"分类"列表框中选择"数值"，并将"小数位数"修改为 1。

④ 单击"确定"按钮。

3. 设置数据对齐方式

Excel 2003 中可以设置数据在水平方向和垂直方向上的对齐方式。如果没有事先指定对齐方式，数值型和日期型数据会自动右对齐显示，而字符型数据为左对齐显示。用户可以根据实际需要来改变对齐方式。

【例 4.11】 在如图 4.3-1 所示的成绩表中，将姓名字段居中对齐显示。

具体操作如下：

① 选定姓名的字段值所在的"B3:B8"区域。

② 执行"格式/单元格…"菜单命令，或选择快捷菜单中的"设置单元格格式…"命令。

③ 弹出"单元格格式"对话框"对齐"选项卡如图 4.4-4 所示，分别在"水平对齐"和"垂直对齐"下拉列表框中选择"居中"选项。

④ 单击"确定"按钮。

4. 合并与拆分单元格

在工作表中，标题一般要占用几个单元格的位置，这时需要将几个单元格合并成一个大的单元格。

图 4.4-2 "单元格格式"对话框
"字体"选项卡

图 4.4-3 "单元格格式"对话框
"数字"选项卡

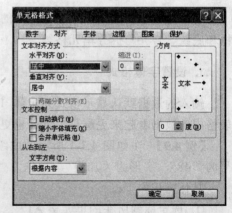

图 4.4-4 "单元格格式"对话框
"对齐"选项卡

【**例 4.12**】 在如图 4.3-1 所示的成绩表中，将标题所在的单元格区域合并，并以居中对齐的方式显示标题。

具体操作如下：

① 选定 "A1:I1" 区域。

② 将该区域的单元格合并，并以居中对齐方式显示标题。

方法一 单击格式工具栏的"合并及居中"按钮。

方法二 执行"格式/单元格…"菜单命令，或选择快捷菜单中的"设置单元格格式…"命令。

③ 弹出"单元格格式"对话框"对齐"选项卡如图 4.4-4 所示，分别在"水平对齐"和"垂直对齐"下拉列表框中选择"居中"选项，同时选择"合并单元格"复选框。

④ 单击"确定"按钮。

5. 设置单元格边框

在默认情况下，表格的边框都是虚线，不能被打印输出。用户可以根据需要设置表格边框的显示或隐藏。

【**例 4.13**】为如图 4.3-1 所示的成绩表设置边框。

具体操作如下：

① 选定待设置边框的 "A1:I8" 单元格区域。

② 执行"格式/单元格…"菜单命令或快捷菜单中的"设置单元格格式…"命令。

③ 弹出"单元格格式"对话框"边框"选项卡如图 4.4-5 所示，选择颜色为"紫色"，样式为"粗实线"，然后单击"外边框"按钮。

④ 再选择颜色为"黑色"，样式为"细实线"，然后单击"内部"按钮。

⑤ 单击"确定"按钮。

图 4.4-5 "单元格格式"对话框
"边框"选项卡

6. 设置单元格底纹

除了可以给表格添加边框外，还可以添加底纹，以增强视觉效果。

【**例 4.14**】 在如图 4.3-1 所示的成绩表中，给学号字段值所在的单元格区域添加黄色底纹。

具体操作如下：

① 选定学号字段值所在的 "A3:A8" 单元格区域。

② 执行"格式/单元格…"菜单命令，或选择快捷菜单中的"设置单元格格式…"命令。

③ 弹出"单元格格式"对话框"图案"选项卡如图 4.4-6 所示，选择颜色为"黄色"。

④ 单击"确定"按钮。

7. 格式的复制

每个单元格都包含数据内容与格式两部分。复制内容时，格式也自动被复制。可以将原有格式清除，只保留其内容；也可以仅仅将格式复制给目标单元格，使目标单元格与源单元格具有相同的格式。

与在 Word 文档中复制类似，复制格式前也要先选定被复制的区域。常用的方法有以下两种：

① 使用格式工具栏的"格式刷"按钮，复制单元格格式。

② 执行"编辑/复制"菜单命令和"编辑/选择性粘贴…"命令，在弹出的如图 4.4-7 所示的"选择性粘贴"对话框中，选择粘贴"格式"。

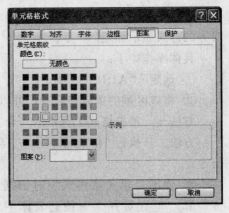

图 4.4-6 "单元格格式"对话框
"图案"选项卡

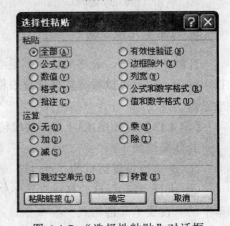

图 4.4-7 "选择性粘贴"对话框

▶ 4.4.2 设置行和列

1. 调整行高与列宽

在制作表格的过程中，经常会遇到单元格的行高或列宽不太合适的情况。此时可以根据数据的具体情况随时调整表格的行高与列宽。常用的方法有以下两种：

① 将光标移动到行号边线或列号边线上，当光标变为黑十字双向箭头形状时，按住左键拖动鼠标至合适的位置释放，即可改变行高或列宽。

② 执行"格式/行/行高…"或"格式/列/列宽…"菜单命令，在弹出对话框的文本框中输入精确的行高值或列宽值（单位为磅）即可。

【例 4.15】 在如图 4.3-1 所示的成绩表中，将标题的行高值设置为 55 磅。

具体操作如下：

① 单击标题所在行的任意位置，然后执行"格式/行/行高…"菜单命令。

② 弹出"行高"对话框，如图 4.4-8 所示。在文本框中输入"55"。

③ 单击"确定"按钮。

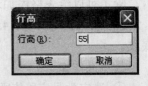

图 4.4-8 "行高"对话框

2. 显示/隐藏网格线

【例 4.16】 在如图 4.3-1 所示的成绩表中，将网格线隐藏。

具体操作如下：

① 执行“工具/选项…”菜单命令。

② 弹出“选项”对话框“视图”选项卡，如图 4.4-9 所示。取消“网格线”复选框前的标记。

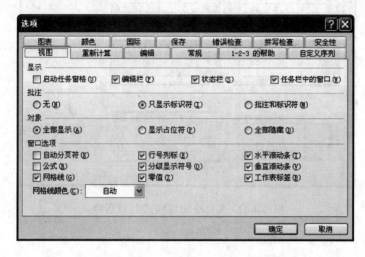

图 4.4-9 “选项”对话框“视图”选项卡

③ 单击“确定”按钮。

至此，将如图 4.3-1 所示的成绩表格式化为如图 4.4-10 所示的形式显示。

成绩表

学号	姓名	出生日期	专业	语文	数学	外语	总分	平均分
2003710106	孙雪英	1984-7-11	计算机	94	80	92	266	88.7
2003680114	张 磊	1983-2-20	电 子	92	85	88	265	88.3
2003540120	郑 弘	1985-3-28	物 理	83	90	85	258	86.0
2003540116	王文华	1985-5-17	物 理	85	76	91	252	84.0
2003680125	李 欣	1984-11-4	电 子	90	81	75	246	82.0
2003710134	杨路明	1986-10-5	计算机	79	68	83	230	76.7

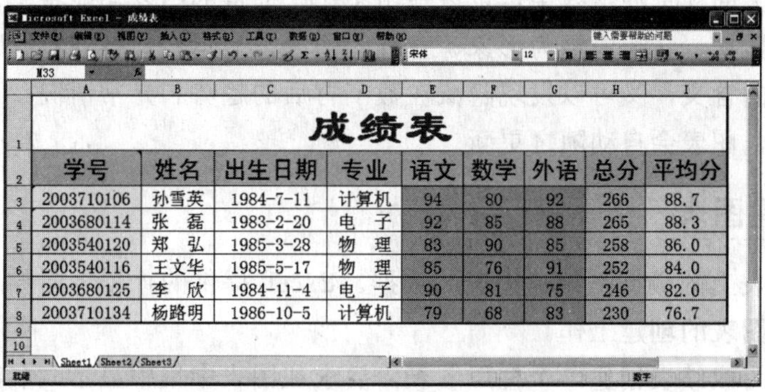

图 4.4-10 成绩表格式化显示

▶ 4.4.3 自动套用格式

除了能够随心所欲地设置个性化表格，Excel 2003 还提供了一些现成的工作表格式供用户选择，如简单、古典、会计、彩色、序列、三维效果等。这些格式根据不同的主题风格，设置了不同的数据显示格式、对齐方式、字体、边框和色彩等。

执行“格式/自动套用格式…”菜单命令，在弹出的如图 4.4-11 所示的“自动套用格式”对话框中，选择需要的工作表格式后，单击“确定”按钮。

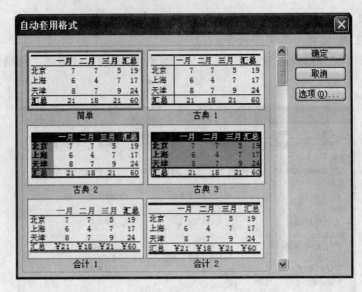

图 4.4-11 "自动套用格式"对话框

4.5 图 表 处 理

在成绩排名、试卷分析等教学活动和市场调研、财务管理、用户培训等多种商业活动中，为了制造强大的视觉冲击效果，可以使用 Excel 提供的图表功能将工作表当中保存的大量的、枯燥的数据，转换成更为形象、直观的图表来显示，使得观看者既可以一目了然地理解这些数据的含义，又可以发现隐藏在数字背后的趋势和异常情况。当工作表中的源数据发生变化时，图表会自动随之更新。

▶ 4.5.1 创建图表

保存在工作表上的数据是创建图表的依据。Excel 提供的"图表向导"工具可以帮助用户顺利地完成图表的创建工作。

【**例 4.17**】 为成绩表创建一个柱形图表，要求在图表中集中显示六名同学的三门课程的成绩。结果如图 4.5-1 所示。

1. 选择图表类型

① 执行"插入/图表…"菜单命令，或单击常用工具栏的"图表向导"按钮，弹出"图表向导—4 步骤之 1—图表类型"对话框，如图 4.5-2 所示。

② 在"标准类型"选项卡的"图表类型"列表框中列出了所有可以使用的图表类型，如柱形图、条形图、折线图等。选定其中的某一类型后，在右侧的"子图表类型"选择框中立即显示出对应的若干子类型。根据需要，选择"簇装柱形图"。

③ 单击"下一步"按钮继续。

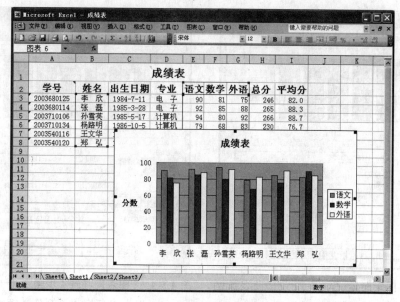

图 4.5-1 成绩表柱形图表

2. 设置图表源数据

在弹出的"图表向导—4 步骤之 2—图表源数据"对话框中，包含"数据区域"和"系列"两张选项卡，如图 4.5-3 和 4.5-4 所示。

① 在"数据区域"选项卡的"数据区域"文本框中，输入课程名称和成绩所在区域的地址"E2:G8"，在"系列产生在:"单选框中选择以"列"组织数据。

② 在"系列"选项卡中的"分类(X)轴标志"文本框中，输入姓名字段值所在区域的地址"B3:B8"。

③ 单击"下一步"按钮继续。

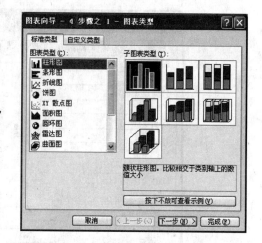

图 4.5-2 "图表向导—4 步骤之
1—图表类型"对话框

3. 设置图表选项

在弹出的"图表向导—4 步骤之 3—图表选项"对话框中，包含"标题"、"坐标轴"、"网格线"、"数据标志"和"数据表"六张选项卡，如图 4.5-5 所示。

① 在"标题"选项卡中，分别在"图表标题"文本框和"数值(Y)轴"文本框中填入"成绩表"和"分数"。

② 在其余五张选项卡里，根据提示分别设置"坐标轴"、"网格线"、"图例"、"数据标志"和"数据表"的显示与否及显示形式。

③ 单击"下一步"按钮继续。

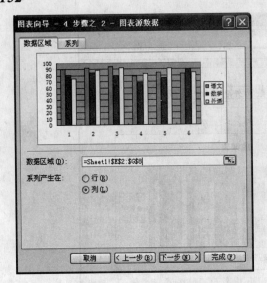

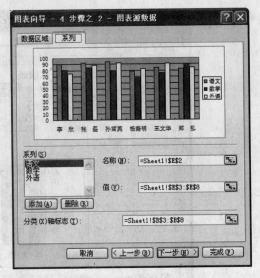

图 4.5-3 "图表向导—4 步骤之 2—图表源数据"对话框"数据区域"选项卡

图 4.5-4 "图表向导—4 步骤之 2—图表源数据"对话框"系列"选项卡

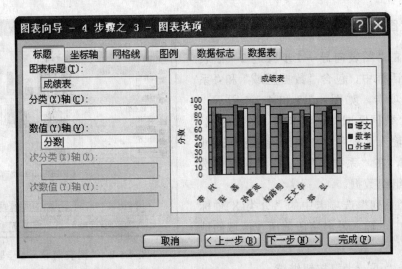

图 4.5-5 "图表向导—4 步骤之 3—图表选项"对话框

4. 指定图表位置

① 弹出"图表向导—4 步骤之 4—图表位置"对话框如图 4.5-6 所示，在"作为其中的对象插入"下拉列表框中，指定该图表存放在当前工作表 Sheet1 中。这样得到的图表称为嵌入式图表。

如果需要将图表单独作为一个新工作表插入当前工作簿内，则需要在"作为新工作表插入"文本框中输入新工作表的名称。这样得到的工作表被称作图表工作表。

② 单击"完成"按钮，即可得到如图 4.5-1 所示的与课程成绩相对应的图文并茂的图表。

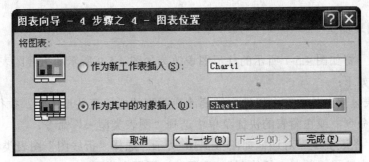

图 4.5-6 "图表向导—4 步骤之 4—图表位置"对话框

▶ 4.5.2 编辑图表

在工作表中创建图表后,可以根据需要调整图表的大小、位置等设置。对图表的编辑与格式化,除了使用菜单、格式工具栏和快捷菜单以外,还可以使用图表工具栏,如图 4.5-7 所示。

图表工具栏的"图表对象"下拉列表框中列出了所有的图表对象。选取一个需要编辑的对象后,单击其右侧的"···格式"按钮,在弹出的相应"···格式"对话框里,设置该对象的显示格式。

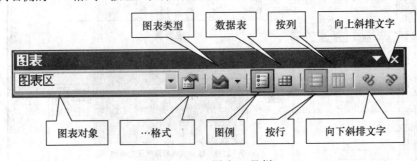

图 4.5-7 图表工具栏

1. 图表的组成

一个完整的图表通常由图表区、标题、绘图区、分类轴、数值轴、图例和各个数据系列等图表对象组成,如图 4.5-8 所示。

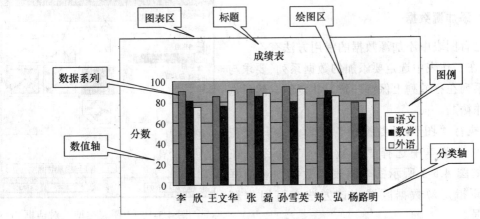

图 4.5-8 图表的组成

2. 改变图表类型

【例 4.18】 将如图 4.5-1 所示的柱形图表改为如图 4.5-9 所示的折线图表。

具体操作如下：

① 在图表区空白处单击，以选定需要改变类型的成绩表柱形图表，执行"图表/图表类型…"菜单命令，或在图表的快捷菜单中选择"图表类型…"命令。

② 弹出"图表类型"对话框如图 4.5-10 所示。选择"折线图"图表类型，并在"子图表类型"栏中选择"数据点折线图"（第四种）子图表类型。

③ 单击"确定"按钮即可。

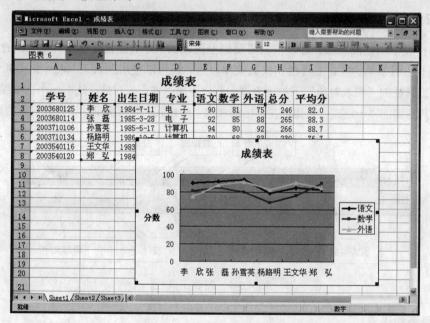

图 4.5-9　成绩表折线图表

3. 添加/删除源数据

（1）添加源数据

向已有图表中添加源数据的常用方法有：

① 在工作表中选定要添加的数据系列（要求与原数据系列在行或列上保持一致）并复制。然后选定图表并粘贴。

② 执行"图表/源数据…"菜单命令，或在图表的快捷菜单中选择"源数据…"命令，在弹出的如图 4.5-3 所示的"图表源数据"对话框中，重新指定源数据区域。该方法亦可用作删除源数据。

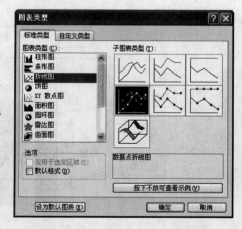

图 4.5-10　"图表类型"对话框

（2）删除源数据

如果要将已生成的图表中的部分数据系列删除，可以在"绘图区"选定待删除的数据系列，或在"图例"中选定待删除的数据系列的"图例项标识"，然后执行"编辑/清除/系列"菜单命令或按 Delete 键，删除指定的源数据。

本操作中，一定要正确地选取数据系列或图例项标识，否则会误删除其他源数据。

4. 改变图表位置

【**例 4.19**】将如图 4.5-9 所示的折线图表保存为"成绩表折线图表"图表工作表。

具体操作如下：

① 选定折线图表，执行"图表/位置…"菜单命令，或在图表的快捷菜单中选择"位置…"命令。

② 在弹出的"图表位置"对话框中选择"作为新工作表插入"单选框，并在其后的文本框中输入"成绩表折线图表"，如图 4.5-11 所示。

图 4.5-11　"图表位置"对话框

③ 单击"确定"按钮，将在当前工作表"Sheet1"的前面插入"成绩表折线图表"，如图 4.5-12 所示。

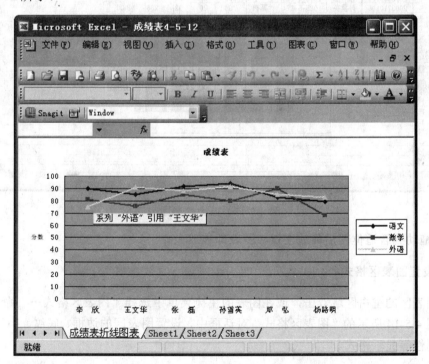

图 4.5-12　改变图表位置

5. 改变图表区大小

创建的图表经常会发生图表中的内容不能完全显示出来的情况，此时可以通过改变图表区的大小来将图表中的内容完全显示。

【例 4.20】 将如图 4.5-1 所示的柱形图表放大。

具体操作如下：

① 单击待改变大小的柱形图表，此时图表四周出现八个控制点。

② 将光标置于右下角的控制点上，此时光标变为双向箭头形状。

③ 按下鼠标左键并向右下角拖动，拖动的过程中光标变为十字形状，并且出现一个虚线框，如图 4.5-13 所示。

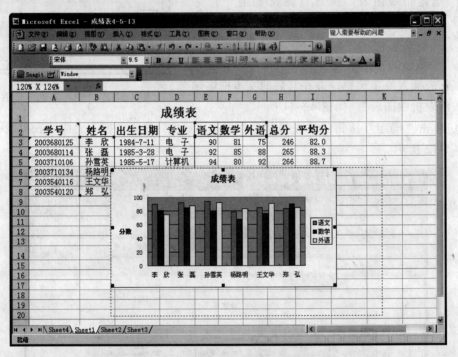

图 4.5-13　放大柱形图表

④ 拖动到合适位置后释放左键，图表即被放大。

6. 设置图表区格式

在图表区的空白区域双击，或在图表的快捷菜单中选择"图表区格式…"命令，在弹出的如图 4.5-14 所示的"图表区格式"对话框中，设置图表区的边框、底纹、字体、字形、字号和属性等显示格式。

7. 设置图表标题

双击图表标题，在弹出的如图 4.5-15 所示的"图表标题格式"对话框中，设置图表标题的边框、底纹、字体、字形、字号和对齐方式等显示格式。

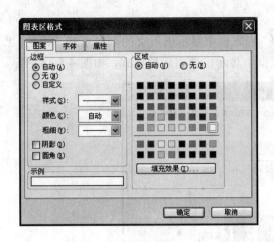

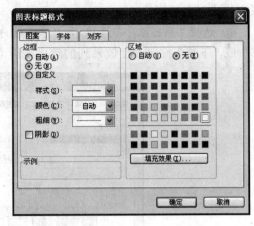

图 4.5-14 "图表区格式"对话框　　　　图 4.5-15 "图表标题格式"对话框

8. 设置分类轴或数据轴

双击分类轴或数据轴，在弹出的如图 4.5-16 所示的"坐标轴格式"对话框中，设置分类轴或数据轴的颜色、刻度、字体、字形、字号和对齐方式等显示格式。

9. 设置图例

使用图表工具栏的"图例"按钮，可以显示/隐藏图例。

双击图例，在弹出的如图 4.5-17 所示的"图例格式"对话框中，设置图例的边框、底纹、字体、字形、字号和位置等显示格式。

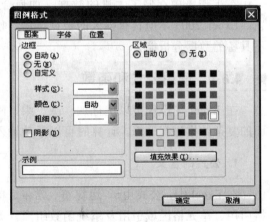

图 4.5-16 "坐标轴格式"对话框　　　　图 4.5-17 "图例格式"对话框

10. 调整数据系列的顺序

有时，用户需要调整某一数据系列的显示顺序。具体操作步骤如下：

① 选定图表，单击某个数据系列，此时该数据系列上出现控制块。

② 在控制块上右击，从弹出的快捷菜单中选择"数据系列格式"命令，出现"数据

系列格式"对话框。

③ 选择"系列次序"选项卡，"系列次序"列表框中显示出所有的数据系列。单击"上移"或"下移"按钮改变该系列的顺序，预览框中显示出调整后的样式，如图 4.5-18 所示。

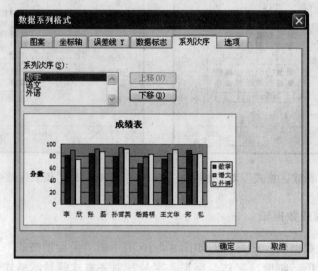

图 4.5-18 "数据系列格式"对话框"系列次序"选项卡

4.6 数据的使用与管理

在工作表中存储了大量的数据，如何合理使用及科学管理这些数据是一个突出的问题。Excel 2003 不但具有强大的数据排序、检索功能，而且还具有一般数据库管理软件所不具备的数据分析能力。

▶ 4.6.1 使用公式和函数

在 Excel 中不仅可以进行加、减、乘、除四则运算，还可以对财务、金融、统计等方面的复杂数据进行计算。计算时可以手动输入公式，也可以调用系统提供的函数来计算。

1. 公式的含义

在 Excel 中，公式由=、运算符、常量、单元格引用、单元格区域引用及系统函数组成，如图 4.6-1 所示。

例如：

① =3^2*(A3-A2)：表示 3 的平方乘以单元格 A3 与 A2 的值的差。

② =SUM(C3:C5)：表示单元格 C3 至 C5 的值相加。

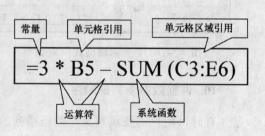

图 4.6-1 公式中各项的含义

③ =B2>10：表示如果单元格 B2 的值大于 10，则结果为 True，否则为 False。

2. 输入公式

【例 4.21】 在如图 4.3-1 所示的成绩表中，计算第 1 条记录的总分。

具体操作如下：

① 选定待显示计算结果的单元格 H3。

② 输入公式"=E3+F3+G3"，如图 4.6-2 所示。

③ 按 Enter 键或单击编辑栏中的"输入"按钮，H3 单元格中立即显示计算结果"246"，编辑框中显示公式"=E3+F3+G3"。

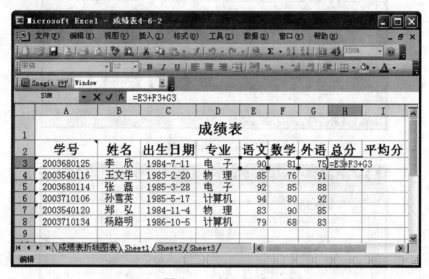

图 4.6-2　输入公式

3. 复制公式

如果工作表中的多个单元格使用类似的公式，则无须每次输入，可以使用复制公式的方法自动计算出其他单元格的结果。

【例 4.22】 使用复制公式的方法，计算[例 4.21]中第 2 条记录的总分。

具体操作如下：

① 选定待复制公式所在的单元格 H3。

② 将光标置于该单元格的边框上，按住 Ctrl 键，按住鼠标左键拖动到待计算总分的 H4 单元格中，此时 H4 单元格四周呈虚线框显示。

③ 释放左键，H4 单元格中立即显示计算结果"252"，编辑框中显示公式"=E4+F4+G4"。

4. 快速填充公式

填充公式相当于对公式进行复制，可以一次填充多个连续的单元格。

【例 4.23】 使用填充公式的方法，计算[例 4.21]中其他记录的总分。

具体操作如下：

① 选定待复制公式所在的单元格 H3。

② 将光标置于该单元格右下角的填充柄上，此时光标变成实心十字形状。按住鼠标左键拖动到待计算总分的最后一个单元格 H8 中，此时被覆盖的单元格区域"H3:H8"四周呈虚线框显示，如图 4.6-3 所示。

③ 释放左键，即可计算出其他记录的总分，如图 4.6-4 所示。

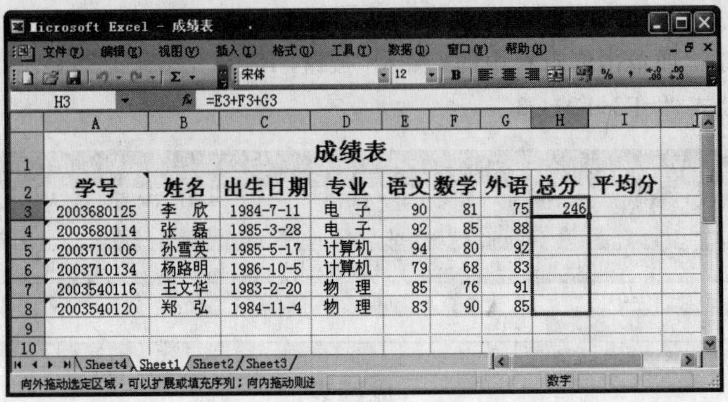

图 4.6-3　填充公式

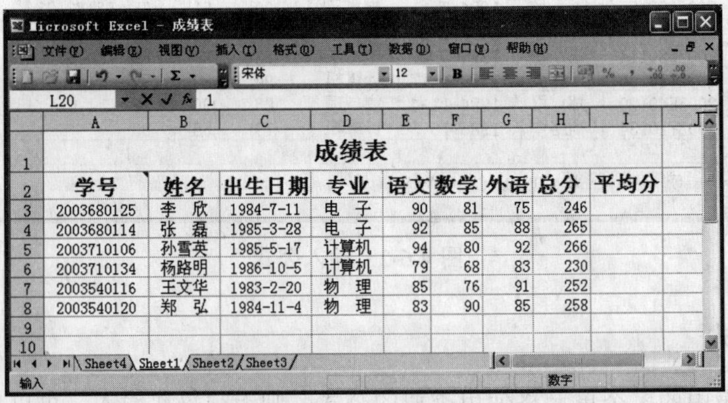

图 4.6-4　填充公式的结果

5. 删除公式

删除单元格中的公式分为两种情况。

1）将公式与内容全部删除　选定待删除的单元格，按 Delete 键即可。

2）只删除公式不删除内容　删除选定单元格内的公式而保留内容。

【例 4.24】　在如图 4.6-4 所示的成绩表中，删除 H8 单元格的公式。

具体操作如下：

① 选定待删除的 H8 单元格。

② 单击常用工具栏上的"复制"按钮，此时 H8 单元格四周出现虚线框。

③ 右击 H8 单元格，在弹出的快捷菜单中选择"选择性粘贴…"命令。

④ 弹出"选择性粘贴"对话框如图 4.6-5 所示。选择"数值"单选框，单击"确定"

按钮即可。

6. "自动求和"按钮

鉴于实际工作中经常需要计算几个单元格中数据的和，Excel 提供了"自动求和"按钮来帮助用户对工作表中的多个单元格数据快速求和。

【例 4.25】 在如图 4.6-4 所示的成绩表中，计算语文成绩的总和。

具体操作如下：

① 选定显示求和结果的 E9 单元格。

② 单击常用工具栏上的"自动求和"按钮，此时系统自动选取 E3:E8 单元格区域，并在 E9 单元格和编辑框中显示求和公式，如图 4.6-6 所示。

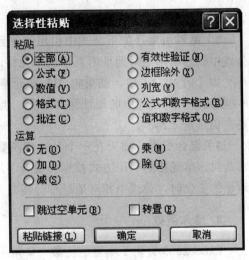

图 4.6-5 "选择性粘贴"对话框

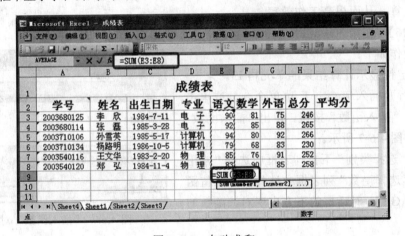

图 4.6-6 自动求和

③ 按 Enter 键或单击编辑栏中的"输入"按钮，E9 单元格中立即显示求和结果。

7. 单元格的引用

在计算时经常会用到"引用"这个概念。例如，在计算总分时输入"=E3+F3+G3"，表示取出 E3、F3 和 G3 中的数据并相加，这就是引用了 E3、F3 和 G3 单元格。

Excel 中，单元格的地址有相对地址、绝对地址和混合地址三种表示方式。

1）相对地址 直接用"列号+行号"标识，如 A3、C6。

2）绝对地址 用"$列号+$行号"标识，如$A$3、$C$6。

3）混合地址 用"列号+$行号"或"$列号+行号"标识，如 A$3、$C6。

相应的，对单元格的引用也有三种方式。

1）相对引用 如［例 4.22］中，将 H3 单元格中的公式"=E3+F3+G3"复制到 H4 单元格，则 H4 中的公式会自动变为"=E4+F4+G4"，结果也从"246"相应地变为"265"。类似这样对单元格地址的引用会随着公式或函数所在单元格的改变而变化的引用称为相对引用。默认情况下，Excel 使用相对地址来引用单元格。

2）绝对引用   如果公式中引用的单元格地址是绝对地址，那么移动或复制公式后，公式中仍然引用绝对地址所表示的单元格，即地址不变。

如［例 4.22］中，如果将 H3 单元格中的公式改为"=$E$3+$F$3+$G$3"，则复制到 H4 单元格后，公式中的地址保持不变，仍然是"=$E$3+$F$3+$G$3"，因此计算结果也不变，仍然是"246"。

3）混合引用   如果在一个公式或函数中，既使用了相对地址，又使用了绝对地址，那么对该单元格的引用方式被称为混合引用。当该单元格因插入、复制等原因引起行、列地址的变化时，公式中相对地址部分随之变化，绝对地址部分保持不变。

8. 输入函数

Excel 2003 提供了丰富的函数，如常用函数、财务函数、数量与三角函数、统计函数、文本函数、逻辑函数、信息函数等。使用函数可以方便地对工作表中的数据进行求和、求平均值等运算，从而提高工作效率。

【**例 4.26**】   在如图 4.6-4 所示的成绩表中，计算第 1 条记录的平均分。

具体操作如下：

① 选定待显示计算结果的单元格 I3。

② 执行"插入/函数…"菜单命令，或单击编辑栏上的"插入函数"按钮，弹出"插入函数"对话框，如图 4.6-7 所示。

③ 在"选择类别"下拉列表框中选择"常用函数"，在"选择函数"列表框中选择求平均值函数"AVERAGE"。对话框的下方出现对该函数的简要说明。

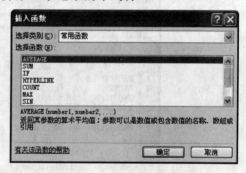

图 4.6.7 "插入函数"对话框

④ 单击"确定"按钮，弹出"函数参数"对话框，如图 4.6-8 所示。在 Number1 文本框中输入待计算平均值的单元格区域"E3:G3"作为函数参数。

⑤ 单击"确定"按钮，在 I3 单元格中显示出计算结果"82"。

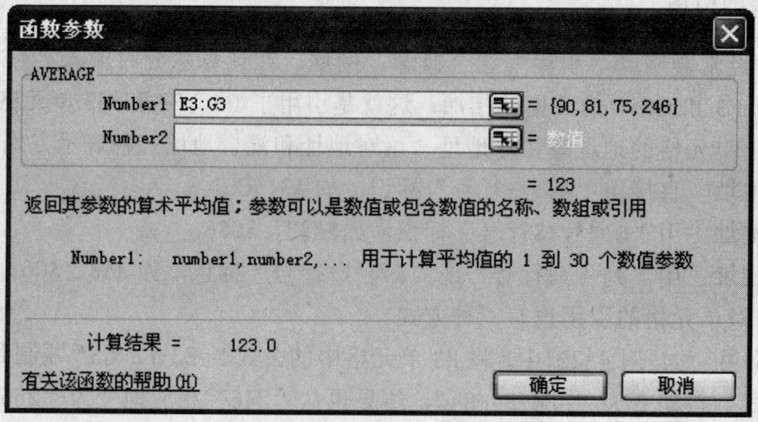

图 4.6-8 "函数参数"对话框

▶ 4.6.2 记录单

对数据的管理通常在记录单中进行。

选定数据所在区域的任意单元格后，执行"数据/记录单…"菜单命令，弹出"记录单"对话框，如图4.6-9所示。

对话框中显示当前工作表的第1条记录。左侧是所有的字段名，旁边的文本框里显示对应的字段值。右上角的"1/6"被称作记录序号，表示当前工作表中共有 6 条记录，现在显示的是第 1 条。右侧的各种命令按钮用来对记录单进行操作。使用"上一条"或"下一条"按钮，可以显示上一条或下一条记录；也可以通过拖动中间的滚动条来快速定位至其他记录。

图 4.6-9 "记录单"对话框

1. 编辑记录

单击某一文本框，即进入对该字段值的编辑状态。由公式得到的字段值不能直接修改，如图 4.6-9 中的"总分"和"平均分"。

2. 增加与删除记录

使用"新建"按钮可以增加一条空记录。新增加的记录总是排在其他已有记录之后。

删除一条记录时，先定位至待删除的记录，单击"删除"按钮，并在弹出的警告框中单击"确定"，即可删除该记录。

3. 查找记录

单击"条件"按钮，弹出"查找记录"对话框，如图4.6-10所示。可以根据需要在相应的文本框中输入查找条件并单击 Enter 键，满足条件的第一条记录立即显示出来。若有多条记录满足查找条件，通过使用"上一条"或"下一条"按钮查看。

单击"表单"按钮退出查找状态，回到"记录单"对话框。

【例 4.27】 查找"外语成绩大于 85 分"的记录。

图 4.6-10 "查找记录"对话框

具体操作如下：

① 在如图 4.6-10 所示的"查找记录"对话框中，在"外语"文本框中输入">85"。

② 单击 Enter 键，查找到第一条满足条件的记录。

条件一旦设置就不会自动撤销。单击"条件"按钮，再单击"清除"按钮，才能撤销条件设置恢复到空框状态。

▶ **4.6.3 数据排序**

排序操作是数据处理的最基本操作。可以将选定区域的记录或表中所有记录，按某一指定字段（称为关键字段）的升序或降序顺序重新排列。

常用的方法有两种：

方法一 使用常用工具栏的"升序"或"降序"按钮。

【**例 4.28**】 为了评定奖学金，将所有记录按平均分的降序顺序排列。

具体操作如下：

① 单击"I2:I8"单元格区域中的任意单元格。

② 单击常用工具栏的"降序"按钮，所有记录按照平均分"降序"重新排列，结果如图 4.6-11 所示。

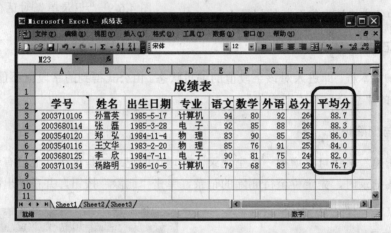

图 4.6-11 按"平均分"降序排列的结果

方法二 使用"数据/排序…"菜单命令。

当需要根据多个字段的值对记录进行排序时，应选择"数据/排序…"菜单命令。在弹出的如图 4.6-12 所示的"排序"对话框中，设置主要关键字段与其他辅助关键字段及"升序"或"降序"，单击"确定"按钮即可完成。

图 4.6-12 "排序"对话框

▶ **4.6.4 数据筛选**

数据筛选就是将不满足筛选条件的记录暂时隐藏，只显示满足条件的记录，从而使得用户可以在大量数据中快速查找到需要的记录。

1. 自动筛选

【**例 4.29**】 在如图 4.6-4 所示的成绩表中，筛选出专业是"计算机"且"外语"成绩大于 90 分的记录。

具体操作如下：

① 单击数据所在区域的任意单元格，执行"数据/筛选/自动筛选"菜单命令，如图 4.6-13 所示，此时每个字段名旁边增加了一个筛选条件下拉按钮。

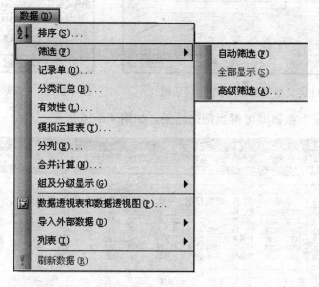

图 4.6-13 "数据/筛选/自动筛选" 级联菜单

② 在"专业"下拉列表框中选择"计算机"，此时只有专业为"计算机"的记录显示出来。

③ 在"外语"下拉列表框中选择"自定义…"，在弹出的如图 4.6-14 所示的"自定义自动筛选方式"对话框中，选择"大于"，输入"90"。

④ 单击"确定"按钮即可得到结果。

再执行一次"数据/筛选/自动筛选"菜单命令，"自动筛选"结果取消，显示全部记录内容。

2. 高级筛选

用户可以专门指定一个"条件区域"来存放更为复杂的筛选条件。注意，条件区域和数据区域之间至少间隔一行，并且其中出现的变量名必须与工作表中的字段名相同。

【例 4.30】 在如图 4.6-4 所示的成绩表中，筛选出专业是"计算机"且"外语"成绩小于 90 分的记录，并在从 A14 单元格开始的区域中显示筛选结果。

具体操作如下：

① 以"C11:D12"单元格区域作为条件区域，在 C11、C12、D11 和 D12 单元格中依次输入筛选条件"专业"、"计算机"、"外语"和"<90"。

② 单击数据所在区域的任意单元格，执行"数据/筛选/高级筛选…"菜单命令。

③ 在弹出的"高级筛选"对话框中，选择"将筛选结果复制到其他位置"，在"列表区域"文本框中输入"A2:I8"，在"条件区域"文本框中输入"C11:D12"，在"复制到"文本框中输入"A14"，如图 4.6-15 所示。

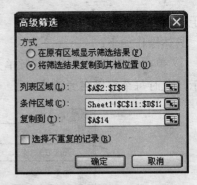

图 4.6-14 "自定义自动筛选方式"对话框　　　图 4.6-15 "高级筛选"对话框

④ 单击"确定"按钮即可得到筛选结果，如图 4.6-16 所示。

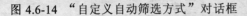

图 4.6-16　高级筛选的结果

▶ 4.6.5　分类汇总

分类汇总操作是将数据记录按照某种分类方式进行数据汇总，包括求和、求平均值、求最大/小值、计数等。进行分类汇总之前，必须先对数据排序，而且排序的关键字与分类汇总的关键字必须一致。

【例 4.31】　按专业对平均分进行求平均值汇总操作。

具体操作如下：

① 将所有记录按"专业"升序排序。

② 单击数据所在区域的任意单元格，执行"数据/分类汇总…"菜单命令，弹出"分类汇总"对话框。在"分类字段"下拉列表框中选择"专业"，在"汇总方式"下拉列表框中选择"平均值"，在"选定汇总项"列表框中选择"平均分"，如图 4.6-17 所示。

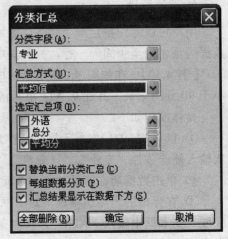

图 4.6-17　"分类汇总"对话框

③ 单击“确定”按钮，分类汇总结果立即显示在各类数据下方，如图 4.6-18 所示。

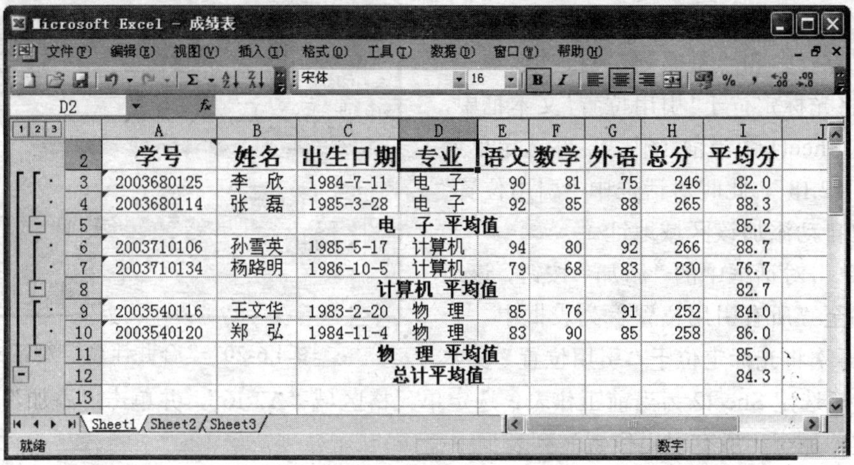

	学号	姓名	出生日期	专业	语文	数学	外语	总分	平均分
3	2003680125	李 欣	1984-7-11	电 子	90	81	75	246	82.0
4	2003680114	张 磊	1985-3-28	电 子	92	85	88	265	88.3
5				电 子 平均值					85.2
6	2003710106	孙雪英	1985-5-17	计算机	94	80	92	266	88.7
7	2003710134	杨路明	1986-10-5	计算机	79	68	83	230	76.7
8				计算机 平均值					82.7
9	2003540116	王文华	1983-2-20	物 理	85	76	91	252	84.0
10	2003540120	郑 弘	1984-11-4	物 理	83	90	85	258	86.0
11				物 理 平均值					85.0
12				总计平均值					84.3

图 4.6-18 分类汇总结果

图 4.6-18 中，列号左侧显示的“1”、“2”、“3”数字按钮称为“分级显示按钮”，它表明对数据记录进行分类汇总后，形成了 3 个层次的分级显示结构。选择“1”时只显示字段名和“总计平均值”；选择“2”时显示字段名、各类的汇总结果和“总计平均值”；选择“3”时完全显示。数字按钮下方的“-”按钮用来显示/隐藏明细数据。

▶ 4.6.6 合并计算

分类汇总操作是针对一张工作表中的数据进行的汇总计算，而合并计算操作是对多张工作表中的数据进行汇总，以产生合并报告并存放在指定位置。合并计算要求待合并的数据必须具有相同的结构，即字段名完全一致。

【例 4.32】 如图 4.6-19 所示，工作表 Sheet2 中存放的是 2008 届毕业生的成绩表。要求将 Sheet2 与存放 2007 届毕业生的成绩表的 Sheet1 进行合并计算，并将合并的结果放在工作表 Sheet3 中。

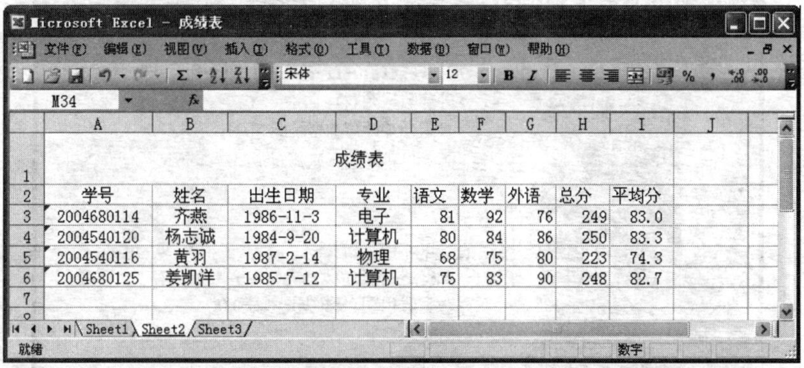

成绩表

学号	姓名	出生日期	专业	语文	数学	外语	总分	平均分
2004680114	齐燕	1986-11-3	电子	81	92	76	249	83.0
2004540120	杨志诚	1984-9-20	计算机	80	84	86	250	83.3
2004540116	黄羽	1987-2-14	物理	68	75	80	223	74.3
2004680125	姜凯洋	1985-7-12	计算机	75	83	90	248	82.7

图 4.6-19 合并计算

具体操作如下：

① 选定 Sheet3 为当前工作表，执行“数据/合并计算…”菜单命令，弹出“合并计算”

对话框，如图 4.6-20 所示。

② 在函数下拉列表框中选择"平均值"，并选择"首行"和"最左列"复选框。

③ 将光标定位于"引用位置"文本框中，然后选定 Sheet1 为当前工作表，并选定单元格区域"A2:I8"，此时对话框中"引用位置"文本框中自动添加该区域地址。

④ 单击对话框中的"添加"按钮，该地址被添加至"所有引用位置"列表框中。

⑤ 再次将光标定位于"引用位置"文本

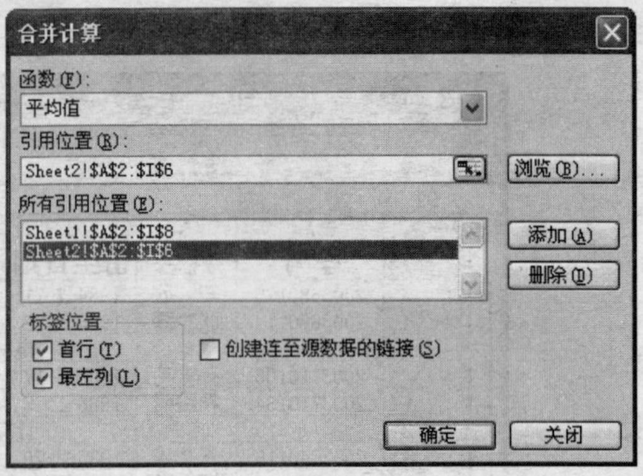

图 4.6-20 "合并计算"对话框

框中，然后选定 Sheet2 为当前工作表，选定单元格区域"A2:I6"，并单击"添加"按钮，该地址也被添加至"所有引用位置"列表框中。

⑥ 单击"确定"按钮，工作表 Sheet3 中即存放了 Sheet1 与 Sheet2 合并后的结果。

▶ 4.6.7 数据透视表

利用分类汇总操作可以对数据记录进行简单分析，但是如果想要得到更加详尽的交叉分析报表，或改变报表的格式并作算术运算，就需要借助数据透视功能了。

1. 建立数据透视表

【例 4.33】 为如图 4.6-11 所示的成绩表建立数据透视表，统计出各专业人数。

具体操作如下：

① 单击工作表的任意位置，执行"数据/数据透视表和数据透视图…"菜单命令，弹出"数据透视表和数据透视图向导—3 步骤之 1"对话框，如图 4.6-21 所示。单击"下一步"按钮。

② 弹出"数据透视表和数据透视图向导—3 步骤之 2"对话框，如图 4.6-22 所示。在"选定区域"文本框中输入单元格区域"A2:I8"。单击"下一步"按钮。

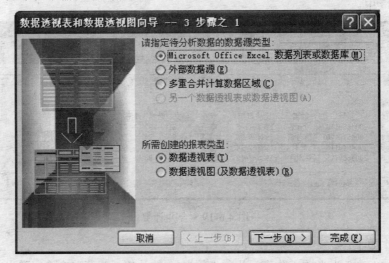

图 4.6-21 "数据透视表和数据透视图向导—3 步骤之 1"对话框

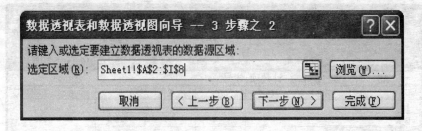

图 4.6-22 "数据透视表和数据透视图向导—3 步骤之 2"对话框

③ 弹出"数据透视表和数据透视图向导—3 步骤之 3"对话框,如图 4.6-23 所示。指定数据透视图显示的位置"新建工作表",并单击"布局"按钮。

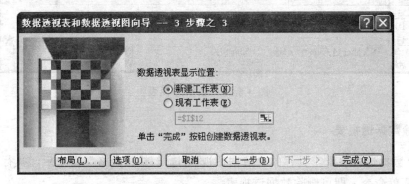

图 4.6-23 "数据透视表和数据透视图向导—3 步骤之 3"对话框

④ 弹出"数据透视表和数据透视图向导—布局"对话框,如图 4.6-24 所示。将右侧的"专业"按钮拖动到"行"区域,"学号"按钮拖动到"数据"区域,单击"确定"按钮后返回步骤③对话框。

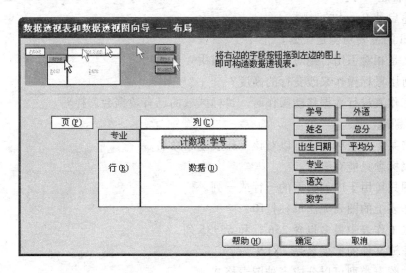

图 4.6-24 "数据透视表和数据透视图向导—布局"对话框

⑤ 单击"完成"按钮,结果如图 4.6-25 所示。

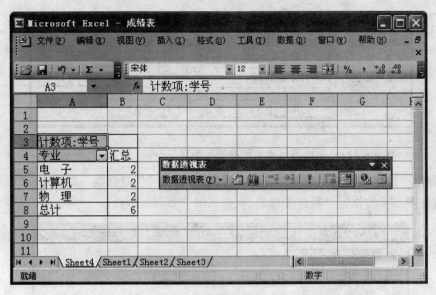

图 4.6-25 数据透视表

2. 删除数据透视表

单击"数据透视表"工具栏的"数据透视表/选定/整张表格"命令后，执行"编辑/清除/全部"菜单命令，即可删除数据透视表。

习　题

一、简答题

1. 简述启动 Excel 的步骤。

2. Excel 的主要功能是什么？

3. 什么是相对引用、绝对引用、混合引用？

4. 如何用鼠标操作来改变行的高度？

5. 对工作表进行数据移动操作时，目标区域的已有数据会怎样？

二、判断题

1. 双击某工作表标签，可以对该工作表重新命名。

2. 图表标题只能有一行。

3. 饼图只可用于序列数据的一行或一列。

4. 工作表上的图表无法单独打印。

5. 一张工作表中最多包含 256 行和 65535 列。

6. 工作簿文件的扩展名是 .XLS。

7. 每种图表类型可以分成多种图表格式。

8. 在单元格中，数据填充与数据复制的效果一样。

9. 使用"编辑"菜单中的"清除"命令只能清除单元格中的数据。

10. Excel 提供自定义筛选和高级筛选两种筛选方式。

三、填空题

1. 新建工作簿的第一张工作表名默认为_____。

2. 执行_____菜单命令，会删除当前工作簿中的所有工作表。

3. Excel 按照_____对数据库记录进行排序。

4. Excel 的图表有两种存放方式，分别是_____和_____。

5. 单元格地址分为_____、_____和_____三类。

6. 在 Excel 中，向右移动一页可以使用_____键来实现。

7. 在工作表中，单元格区域 A4:C8 包括的单元格个数是_____。

8. 选定工作表的方法是用鼠标左键单击_____。

9. 在工作表中，每一列称为一个_____，存放相同类型的数据；除第一行以外的每一行称为一条_____，存放一组相关的数据。

10. 向单元格中输入字符时，若字符的长度超过单元格宽度，则在单元格中显示_____。

11. 向单元格中输入公式时，必须以_____开始。

12. 向单元格中输入数字时，默认的对齐方式为_____。

13. 假设 A2 单元格内容为字符"10"，A3 单元格内容为数字"4"，则 COUNT(A2:A3) 的值为_____。

14. 假设在 B5 单元格中保存的是"=SUM(B2:B4)"，将其复制到 D5 单元格后公式变为_____；复制到 C7 单元格后变为_____。

15. 进行分类汇总之前，必须对记录进行_____。

四、单项选择题

1. Excel 的工作簿中最多可包含（　　）张工作表。

　　（A）1　　　　　　（B）8　　　　　　（C）16　　　　　　（D）255

2. Excel 工作簿中既有一般工作表又有图表，当执行"文件"菜单的"保存文件"命令时，则（　　）。

　　（A）只保存工作表文件

　　（B）只保存图表文件

　　（C）将一般工作表和图表作为一个文件保存

　　（D）分成一般工作表和图表两个文件保存

3. 在 Excel 工作表中，可以选择一个或一组单元格，其中活动单元格的数目是（　　）。

　　（A）1 个单元格　　　　　　　　　（B）1 行单元格

　　（C）1 列单元格　　　　　　　　　（D）等于被选中的单元格数

4. 在 Excel 中，进行公式复制时，（　　）会发生改变。

　　（A）相对地址中的地址偏移量　　　（B）相对地址中所引用的单元格

　　（C）绝对地址中的地址表达式　　　（D）绝对地址中所引用的单元格

5. 在 Excel 工作表中，假设 A2＝7，B2＝6.3，选择 A2：B2 区域，然后将鼠标指针移至该区域右下角填充句柄上，并拖动至 E2，则 E2＝（   ）。

   （A）3.5   （B）4.2   （C）9.1   （D）9.8

6. 下列函数中，（   ）计算单元格区域 A1:A10 中数据的和。

   （A）SUM(A1:A10)   （B）AVG(A1:A10)

   （C）MIN(A1:A10)   （D）COUNT(A1:A10)

7. 在 Excel 工作表中，A1、A2、…、A8 单元格中的数据为 1，A9 单元格中的数据为 0，A10 单元格中的数据为 excel，则函数 AVERAGE（A1:A10)的结果是（   ）。

   （A）1   （B）0.8   （C）8/9   （D）ERR

8. 在 Excel 中，各类运算符按优先级顺序，由高到低依次为（   ）。

   （A）算术运算符、关系运算符、逻辑运算符

   （B）算术运算符、逻辑运算符、关系运算符

   （C）逻辑运算符、算术运算符、关系运算符

   （D）关系运算符、算术运算符、逻辑运算符

9. 如果没有预先设定对齐方式，在输入字符型数据时不加前缀标志，数据会自动以（   ）方式存放。

   （A）左对齐   （B）中间对齐

   （C）右对齐   （D）视具体情况而定

10. 图表是动态的，改变图表的（   ）后，系统会自动更新图表。

   （A）X 轴数据   （B）Y 轴数据   （C）标题   （D）源数据

第 5 章　PowerPoint 2003

中文 PowerPoint 2003 是 Microsoft 公司办公软件 Office 2003 中的演示文稿软件。它是一种集文字、图形、图像、声音及视频剪辑于一体的多媒体演示制作软件。随着办公自动化的普及，PowerPoint 2003 的应用越来越广泛。通过本章的学习，可以做出各种类似于图 5.0-1 所示伴有音乐和动画的贺卡。

学习目标	• `熟悉 PowerPoint 2003 的环境
	• 了解演示文稿的基本概念
	• 熟练掌握演示文稿的制作
	• 掌握演示文稿的修饰
	• 掌握演示文稿的放映设置
	• 了解演示文稿的打印与打包

图 5.0-1　贺卡

5.1 PowerPoint 2003 概述

▶ 5.1.1 PowerPoint 2003 的启动与退出

1. PowerPoint 2003 的启动

PowerPoint 2003 的启动有以下几种方法：

① 利用"开始"菜单启动。单击 Windows 任务栏上的"开始/程序/Microsoft PowerPoint"命令，即可启动 PowerPoint 2003。

② 利用桌面上的快捷方式启动。如果桌面上有 PowerPoint 2003 的快捷方式，也可以直接用鼠标双击快捷方式图标启动 PowerPoint 2003。

③ 利用已有的演示文稿启动。在"资源管理器"（或"我的电脑"）中用鼠标双击扩展名为.PPT 的文件，也可启动 PowerPoint 2003。

2. PowerPoint 2003 的退出

① 选择"文件/退出"菜单命令。

② 双击 PowerPoint 2003 标题栏左上角的控制菜单图标。

③ 单击标题栏右上角的"关闭"按钮。

④ 按 Alt+F4 键。

▶ 5.1.2 PowerPoint 2003 的环境

1. PowerPoint 2003 窗口界面

PowerPoint 2003 的操作界面如图 5.1-1 所示，其中的标题栏、菜单栏、工具栏、状态栏等常用部分与 Word 中的用法基本一致，在此不再赘述。

下面主要介绍 PowerPoint 2003 特有的幻灯片编辑区、视图切换按钮和备注区部分。

（1）幻灯片编辑区

幻灯片编辑区为用户提供用于创建、预览和编辑幻灯片的区域。

（2）视图切换按钮

视图切换按钮用来切换工作模式，如普通视图、幻灯片浏览视图、从当前幻灯片开始放映视图等。

（3）备注区

备注区用来显示、编辑幻灯片的备注信息。

图 5.1-1 PowerPoint 2003 窗口界面

2. PowerPoint 2003 的视图方式

PowerPoint 2003 提供了五种视图显示方式，分别是普通视图、大纲视图、幻灯片视图、幻灯片浏览视图及幻灯片放映。其中最常用的两种视图是普通视图和幻灯片浏览视图。

（1）普通视图

普通视图是 PowerPoint 2003 的默认视图，如图 5.1-2 所示。

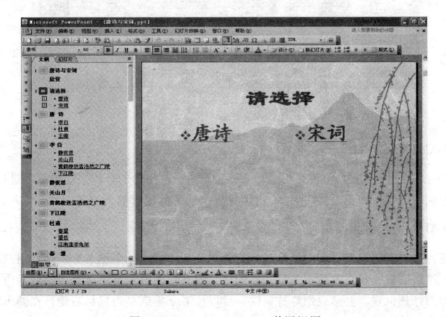

图 5.1-2 PowerPoint 2003 普通视图

左窗格显示幻灯片的大纲内容，可以在此直接编辑幻灯片内容；右窗格显示幻灯片的效果，也可以在此窗格编辑幻灯片内容。

（2）大纲视图

大纲视图仅显示幻灯片的标题和主要的文本信息，适合组织和创建演示文稿的内容。在该视图中，如图 5.1-2 所示的左窗格中，按照编号由小到大的顺序和幻灯片内容的层次关系，显示演示文稿中全部幻灯片的编号、图标、标题和主要的文本信息等。

（3）幻灯片视图

在"幻灯片视图"下屏幕每次只显示一张幻灯片的内容，通过垂直滚动条进行其他幻灯片的选择，如图 5.1-3 所示。幻灯片视图侧重于对当前幻灯片的编辑，在此视图下不仅可以输入文字，还可以插入剪贴画、表格、图表、艺术字、组织结构图等对象。

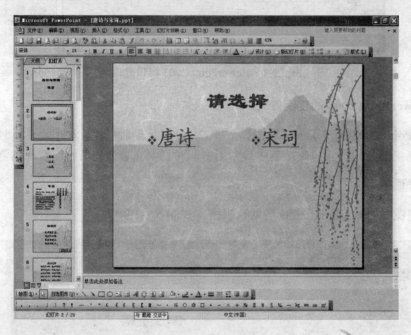

图 5.1-3　幻灯片视图

（4）幻灯片浏览视图

在"幻灯片浏览视图"下屏幕可显示多张幻灯片，以便对幻灯片宏观组织和进行移动、复制、删除等操作，如图 5.1-4 所示。可用垂直滚动条或键盘翻页键等浏览幻灯片。

（5）幻灯片放映视图

幻灯片放映视图用来真实地显示演示文稿的全部内容，如图 5.1-5 所示。用户可以通过按 F5 键启动放映和预览演示文稿。在幻灯片放映视图方式下不能修改幻灯片内容，也不能移动幻灯片位置。要结束幻灯片放映，可以按 Esc 键或单击鼠标右键，在弹出的快捷菜单中选择"结束放映"命令即可。

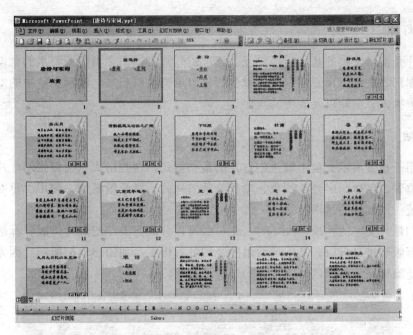

图 5.1-4 幻灯片浏览视图

图 5.1-5 幻灯片放映视图

▶ 5.1.3 PowerPoint 2003 演示文稿的基本概念

1. 演示文稿

演示文稿是介绍情况、阐述观点时用于给观众演示的电子版材料。如图 5.1-1 所示，在 PowerPoint 中，制作的演示文稿通常保存在一个以 .PPT 为文件后缀名的文件中。

2. 幻灯片

幻灯片是演示文稿的基本组成单元。通过幻灯片可以把文稿中要演示的全部信息，包括文字、图形、表格、声音和视频等以幻灯片为单位组织起来。演示文稿中的幻灯片可以按用户要求插入、删除以及改变其次序等。

3. 母版

母版用于设置演示文稿中每张幻灯片的最初格式，这些格式包括每张幻灯片标题及正文文字的位置、字体、字号、颜色、项目符号的样式、背景图案等。使用"母版"可以简化设置，统一幻灯片的风格。

根据幻灯片文字的性质，PowerPoint 母版可以分成四类：幻灯片母版、标题幻灯片母版、备注母版和讲义母版。其中最常用的是幻灯片母版，如图 5.1-6 所示。因为幻灯片母版控制的是除标题幻灯片以外的所有幻灯片的格式。

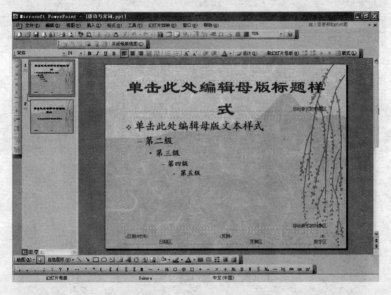

图 5.1-6　幻灯片母版

选择"视图/母版/幻灯片母版"菜单命令，就进入了"幻灯片母版"视图，从而确定幻灯片的母版。

4. 版式

版式是指幻灯片内所有文本、图像、表格等各种对象元素的布局方案。每次添加新幻灯片时，都可以在"幻灯片版式"任务窗格中为其选择一种版式，也可以在所提供的版式基础上进一步修改，还可以选择一种空白版式，根据需要添加相应的对象。如图 5.1-7 所示，在"幻灯片版式"任务窗格中提供了预先设计好的多种幻灯片布局方案，供用户选择，称为"自动版式"。

图 5.1-7　幻灯片版式

5.2　**PowerPoint 2003 基本操作**

▶ 5.2.1　创建演示文稿

新建演示文稿的方法有很多种。选择"文件/新建"菜单命令，弹出如图 5.2-1 所示的"新建演示文稿"任务窗格，从中可选择任何一种方法创建新演示文稿。

1. 使用"空演示文稿"创建演示文稿

从"新建演示文稿"任务窗格中选择"空演示文稿"命令，弹出"幻灯片版式"窗格，该窗口中提供有文字版式、内容版式、文字和内容版式以及其他版式，用户可以根据需要从中选取某种版式创建新演示文稿。

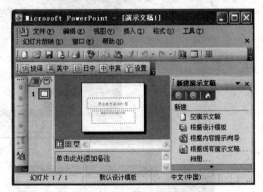

图 5.2-1　新建演示文稿

2. 使用"根据设计模板"创建演示文稿

从"新建演示文稿"任务窗格中选择"根据设计模板"命令，弹出如图 5.2-2 所示的"幻灯片设计"窗格。则窗格中列出 PowerPoint 本身给出的几十种模板，这时可以根据文稿的内容和自己的爱好，选择合适的模板样式。使用模板后，文稿不但有了漂亮的背景，文字的字体和颜色都变了，整张幻灯片看起来很协调。

设计模板可以让用户集中精力创建文稿的内容而不必操心其整体风格。

图 5.2-2　设计模板

3. 使用"内容提示向导"创建演示文稿

从"新建演示文稿"任务窗格中选择"根据内容提示向导"命令，则可按如图 5.2-3 所示的提示向导创建演示文稿，该向导会提供幻灯片文稿的设计方案和内容建议，根据建议输入所需的文本，主要包括演示文稿类型、演示文稿样式和演示文稿选项等。

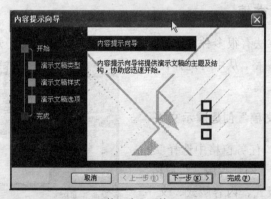

第一步　开始

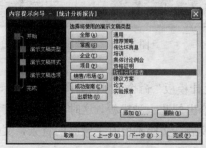

第二步　演示文稿类型

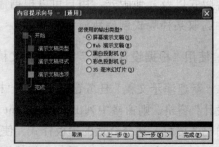

第三步　输出类型

图 5.2-3（一）　内容提示向导

第四步　标题信息　　　　　　　　　　　　　　第五步　完成

演示文稿的样本内容

图 5.2-3（二）　内容提示向导

4. 使用"根据现有演示文稿新建"创建演示文稿

根据现有演示文稿创建，就是在已经书写和设计过的演示文稿基础上创建新的演示文稿。如图 5.2-4 所示，使用该命令首先创建现有演示文稿的副本，然后修改其内容以完成对新演示文稿的创建。

5. 使用"相册"创建演示文稿

PowerPoint 2003 提供了创建相册的功能，使用它能够快速地将电脑中保存的各种图片制作成相册，不同的用户群可以运用该功能制作符合各自需要的相册。

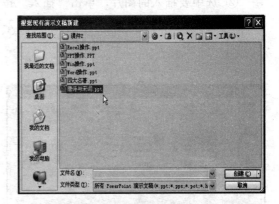

图 5.2-4　"根据现有演示文稿新建"对话框

相册也是演示文稿，只不过它是以图片展示为主，因此在创建相册之前要准备好图片素材，然后再通过如图 5.2-5 所示的"相册"对话框，制作出特有的版式，从而形成相册的效果。

▶ **5.2.2　打开与保存演示文稿**

PowerPoint 中文件的打开与保存方法和
Word、Excel 中打开和保存的方法基本一致，
所不同的是 PowerPoint 演示文稿的扩展名
为.PPT。

▶ **5.2.3　演示文稿中幻灯片的制作**

幻灯片的制作主要包括编辑文本和插入
对象两个方面。

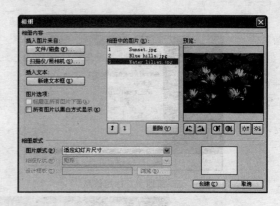

图 5.2-5　"相册"对话框

1. 输入和编辑文本

文本是幻灯片内容的重要组成部分。它的输入方法和在 Word 文档中文本的输入方法
相同，一般在"幻灯片普通视图"下直接输入和编辑文本，有时也可在"大纲视图"下进
行输入。在"大纲视图"下，可以使用大纲工具栏中的 ⬅ （升级）按钮和 ➡ （降级）
按钮完成幻灯片内容和幻灯片标题之间的切换。

2. 插入和编辑对象

幻灯片中可插入多种对象，包括图表、剪贴画、图片、艺术字、影像、声音和超链接
等。下面简单介绍几种对象的插入方法。

（1）插入来自文件的图片

具体操作步骤如下：
① 选择"插入/图片/来自文件"菜单命令，弹出如图 5.2-6 所示的"插入图片"对话框。
② 选中要插入的图片，单击"插入"按钮，就可以把图片插入到幻灯片中。
③ 调整好图片的位置及大小，如图 5.2-7 所示。

图 5.2-6　"插入图片"对话框

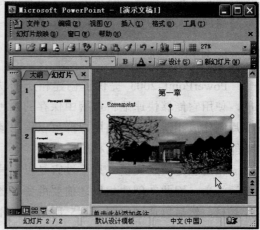

图 5.2-7　插入图片后的幻灯片

（2）插入表格

插入表格的具体操作步骤如下：

① 选择"插入/表格"菜单命令，弹出如图 5.2-8 所示的"插入表格"对话框。

② 设置好表格的行数和列数，单击"确定"按钮即可完成表格的插入。

③ 调整好表格的位置及大小，如图 5.2-9 所示。

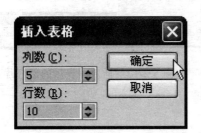

图 5.2-8　"插入表格"对话框

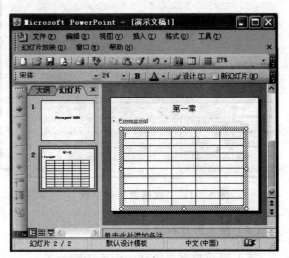

图 5.2-9　插入表格后的幻灯片

（3）插入图表

插入图表的具体操作步骤如下：

① 选择"插入/图表"菜单命令，弹出如图 5.2-10 所示的数据表和图。

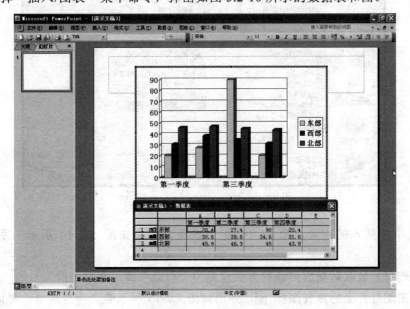

图 5.2-10　数据表和图

② 将数据表中的数据内容修改为用户自己需要的数据，然后在文本框区域外单击，表示数据修改完成。如调整成如图 5.2-11 所示的数据表，将得到如图 5.2-12 所示的图表。

③ 调整好图表的位置及大小。

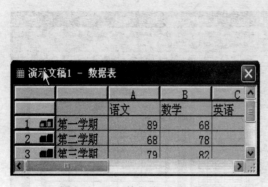

图 5.2-11 "数据表"对话框

图 5.2-12 插入图表后的幻灯片

（4）插入影片和声音

插入影片和声音的具体操作步骤如下：

① 选择"插入/影片和声音/文件中的声音"菜单命令，弹出如图 5.2-13 所示的"插入声音"对话框。

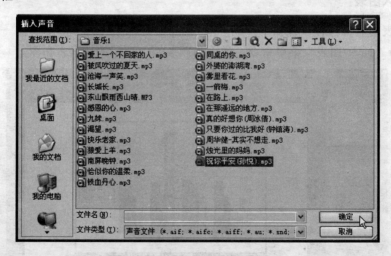

图 5.2-13 "插入声音"对话框

② 选中要插入的声音，单击"确定"按钮，弹出如图 5.2-14 所示的系统提示对话框。

③ 将幻灯片放映时播放声音的方式设置为"自动"或"在单击时"。

④ 右击幻灯片上的声音图标 ，弹出如图 5.2-15 所示的"声音选项"对话框，设置相关参数后单击"确定"按钮即可完成插入声音操作。

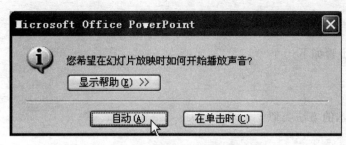

图 5.2-14 "系统提示"对话框

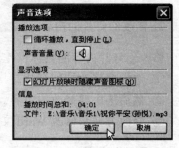

图 5.2-15 "声音选项"对话框

▶ 5.2.4 演示文稿中幻灯片的编辑

演示文稿中幻灯片制作结束后，还可以根据需要调整和修改幻灯片，甚至可以在不同演示文稿之间移动或复制幻灯片。

1. 插入幻灯片

（1）插入新幻灯片

插入新幻灯片的具体操作步骤如下：

① 选中需要插入新幻灯片的位置。

② 选择"插入/新幻灯片"菜单命令。

③ 在"幻灯片版式"任务窗格中选取所需要的幻灯片版式，即可在当前幻灯片之后插入一张新幻灯片。

（2）插入幻灯片副本

插入幻灯片副本的具体操作步骤如下：

① 选中需要复制的一张或若干张幻灯片。

② 选择"插入/幻灯片副本"菜单命令。即可在当前幻灯片之后插入所选中幻灯片的副本，如图 5.2-16 所示。

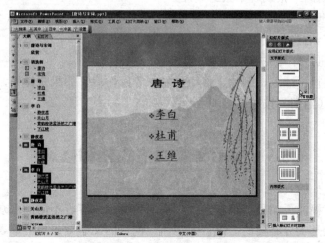

图 5.2-16 插入幻灯片副本

2. 修改幻灯片的内容

修改幻灯片内容的具体操作步骤如下：

① 选中要修改的幻灯片。

② 然后选中要修改的内容。

③ 修改方法与修改 Word 文本的方法类似。

3. 删除幻灯片

删除幻灯片的具体操作步骤如下：

① 在"幻灯片视图"或"幻灯片浏览视图"中，选中要删除的一张或若干张幻灯片。

② 选择"编辑/删除幻灯片"菜单命令，或直接按 Del 键，就可以删除所选中的幻灯片了。

③ 也可以在"大纲视图"中选择需要删除的幻灯片后，直接按 Del 键就可以删除所选中的幻灯片。

4. 移动幻灯片

在"幻灯片视图"、"普通视图"或"大纲视图"中，均可以很方便地实现幻灯片移动的操作。

具体操作步骤如下：

① 选中要移动的一张或若干张幻灯片。

② 按住鼠标左键拖至适当位置松手即可完成幻灯片的移动。

③ 也可以使用大纲工具栏中的 ⬆ （上移）按钮或 ⬇ （下移）按钮完成幻灯片的移动，不过这种方式下，每按一次按钮只能使选中的幻灯片移动一张幻灯片的距离。

5. 复制幻灯片

复制幻灯片的具体操作步骤如下：

① 选中要移动的一张或若干张幻灯片。

② 选择"编辑/复制"菜单命令，或单击"常用工具栏"上的 🖹 （复制）按钮。

③ 移动光标至适当位置，再选择"编辑/粘贴"菜单命令，或单击"常用工具栏"上的 🖹 （粘贴）按钮，即可完成幻灯片的复制。

对演示文稿进行了插入、删除、移动和复制等操作后，如果想撤销，均可单击"常用工具栏"上的 ↩ （撤销）按钮。

5.3 演示文稿的格式化和修饰

为了使演示文稿能更加吸引观众，针对不同的演示内容、不同的观众对象，采用不同风格的幻灯片外观是十分必要的。丰富的字体、悦目的文字效果更能够表现出讲演者的创意和观点。

　　演示文稿的格式化包括文字格式化、段落格式化、对象格式化、应用母版、应用设计模板及应用配色方案等内容。本节主要介绍 PowerPoint 所特有的母版、设计模板及配色方案的应用。

▶ 5.3.1　应用母版

　　母版用于设置演示文稿中每张幻灯片的预设格式，这些格式包括幻灯片标题和正文文字的大小、位置及文本的颜色、项目符号的样式、背景图案等。

　　应用母版可以使演示文稿中所有幻灯片都具有统一的外观。在这里主要讲述怎样应用幻灯片母版。幻灯片母版用于控制在幻灯片上输入的标题和文本的格式与类型。应用幻灯片母版的操作步骤如下：

　　① 打开要应用幻灯片母版的演示文稿。

　　② 选择"视图/母版/幻灯片母版"菜单命令，显示如图 5.1-6 所示的"幻灯片母版"窗口。

　　③ 在"幻灯片母版"中进行相应的标题、对象文本格式、项目符号样式设置以及页脚等信息的设置。

　　④ 单击母版的"关闭母版视图"按钮即可结束设置。

▶ 5.3.2　应用配色方案

　　在 PowerPoint 2003 中，用户可以通过选择配色方案把各种颜色协调地巧妙搭配在幻灯片中，令幻灯片更加美观。每个设计模板均带有一套配色方案，用户可从中选择一种应用，也可以自定义配色方案。

　　PowerPoint 2003 提供了标准和自定义两种配色方案。

1. 标准配色方案

　　应用标准配色方案的操作步骤如下：

　　① 打开需要应用标准配色方案的演示文稿。

　　② 选择"格式/幻灯片设计"菜单命令，显示"幻灯片设计"任务窗格。

　　③ 单击 ▦ **配色方案** 按钮，显示"应用配色方案"窗口。

　　④ 鼠标移到一种合适的配色方案上，单击下拉箭头，弹出快捷菜单，选择一种配色方案的应用范围，即可把选中的配色方案应用到幻灯片中，如图 5.3-1 所示。

2. 自定义配色方案

　　用户也可以根据自己的需要自定义一种配色方案，其操作步骤如下：

　　① 打开需要自定义配色方案的演示文稿。

　　② 选择"格式/幻灯片设计"菜单命令，显示"幻灯片设计"任务窗格。

　　③ 单击 ▦ **配色方案** 按钮，显示"应用配色方案"窗口。

　　④ 单击 **编辑配色方案...** 按钮，弹出"编辑配色方案"对话框。

　　⑤ 选择如图 5.3-2 所示的"自定义"选项卡。

在"配色方案颜色"选项区列出了八种颜色及其功能。如果想改变"背景"的配色方案，则选中"背景"，单击"更改颜色"按钮，弹出如图 5.3-3 所示的"背景色"对话框，在该对话框中选择一种颜色，单击"确定"按钮退回到"编辑配色方案"对话框，再单击"应用"或"全部应用"按钮，则该配色方案应用到幻灯片中，或单击"添加为标准配色方案"按钮，将配色方案添加到"标准"选项卡中。

图 5.3-1　标准配色方案

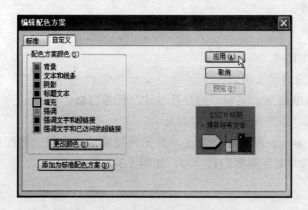

图 5.3-2　"编辑配色方案"对话框

图 5.3-3　"背景色"对话框

▶ 5.3.3　应用设计模板

设计模板是控制演示文稿统一外观的最有力、最快捷的一种方法。应用设计模板的操作步骤如下：

① 打开要应用设计模板的演示文稿。

② 选择"格式/幻灯片设计"菜单命令。显示"幻灯片设计"任务窗格。

③ 单击 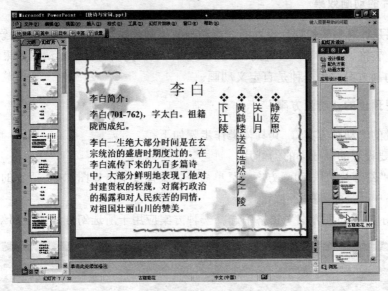 按钮，显示如图 5.3-4 所示的"应用设计模板"窗口。

④ 单击选定一种模板，把选择的模板应用到幻灯片中。

图 5.3-4 应用设计模板

5.4 演示文稿的放映

演示文稿制作完成以后，就可在计算机上播放。为了激发观众的兴趣，提高演示文稿的表现能力，需要我们进一步设置演示文稿的放映效果。

▶ 5.4.1 设置演示文稿的演示效果

演示文稿的演示效果包括幻灯片的切换效果和幻灯片的动画效果。

1. 幻灯片的切换效果

一个演示文稿由若干张幻灯片组成。在放映过程中，由一张幻灯片转换到另一张幻灯片时，可以有多种不同的切换方式。具体操作步骤如下：

① 打开演示文稿。

② 选择要设置切换效果的幻灯片。

③ 选择"幻灯片放映/幻灯片切换"菜单命令。显示"幻灯片切换"任务窗格。

④ 如图 5.4-1 所示，分别设置"切换效果"、"声音"、"速度"和"换片方式"等效果。

图 5.4-1 设置切换效果

⑤ 若要将所设置的切换效果应用于全部幻灯片，则单击"应用于所有幻灯片"按钮即可。

2. 幻灯片的动画效果

切换效果是针对整张幻灯片设置的，而动画效果则是对幻灯片中的某些对象（如文本、插入的图片、表格、图表等）设置的。PowerPoint 2003 提供两种设置动画效果的方法：一种是预设的动画方案；另一种是自定义动画。

（1）使用预设的"动画方案"

使用预设的"动画方案"，其具体操作步骤如下：

① 选择要设置动画效果的幻灯片。

② 选择"幻灯片放映/动画方案"菜单命令，或直接单击如图 5.4-2 所示的"幻灯片设计"任务窗格中 动画方案 按钮。

③ 从显示的"动画方案"窗格中选择一种方案应用于所选幻灯片或全部幻灯片。

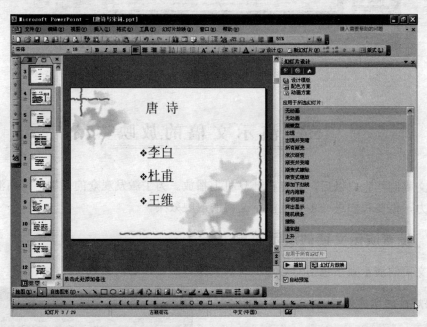

图 5.4-2 设置动画效果

（2）使用"自定义动画"

当需要为幻灯片中的文本、图片、表格等对象设置不同的动画效果时，可通过"自定义动画"方式来实现。具体操作步骤如下：

① 选择幻灯片中需要设置不同动画效果的具体文本、图片、表格等对象。

② 选择"幻灯片放映/自定义动画"菜单命令。弹出"自定义动画"任务窗格。

③ 单击 添加效果 （添加效果）按钮，弹出"添加效果"菜单。

④ 为选定的对象设置"进入"动画效果，如图 5.4-3 所示。

⑤ 为选定的对象设置"强调"动画效果，如图 5.4-4 所示。

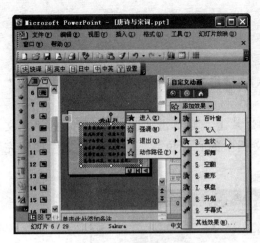

图 5.4-3 设置进入效果

图 5.4-4 设置强调效果

⑥ 为选定的对象设置"退出"的动画效果，如图 5.4-5 所示。

⑦ 为选定的对象设置"动作路径"的动画效果，如图 5.4-6 所示。

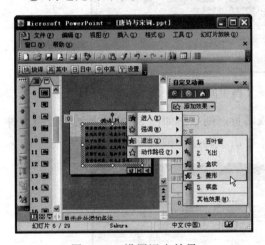

图 5.4-5 设置退出效果

图 5.4-6 设置动作路径效果

⑧ 为选定的对象设置动画开始执行的时间及动画的速度，如图 5.4-7 所示。

⑨ 若要调整所选对象播放的顺序，可通过单击 ⬆ 和 ⬇ 按钮来实现。

▶ 5.4.2 放映顺序的控制

通常在放映幻灯片的过程中，需要插入当前演示文稿外部某一文件或某一网页的信息，有时需要从当前演示文稿中的一张幻灯片跳转到另一张幻灯片。PowerPoint 2003 提供超链接及动作按钮来实现这一功能。

图 5.4-7 设置动画执行时间及速度

1. 插入超链接

插入超链接的操作步骤如下：

① 选中要建立超链接的对象，选择"插入/超链接"菜单命令，弹出"编辑超链接"对话框。

② 若要链接到当前演示文稿中的某一幻灯片上，则单击如图 5.4-8 所示的"本文档中的位置"，为"超链接"的对象选择在文档中的目标位置，单击"确定"按钮完成设置。

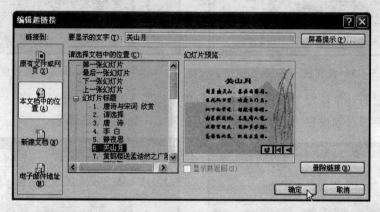

图 5.4-8　链接到"本文档中的位置"

③ 若要链接到当前演示文稿外某一文件或网页，则单击如图 5.4-9 所示的"原有文件或网页"，为"超链接"的对象选择目标位置，单击"确定"按钮完成设置。

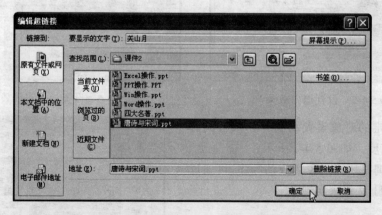

图 5.4-9　链接到"原有文件或网页"

2. 添加动作按钮

利用"动作按钮"，也可以创建超链接。添加动作按钮的操作步骤如下：

① 选择"幻灯片放映/动作按钮"菜单命令，在显示的子菜单中选择一个动作按钮。

② 在幻灯片中拖动动作按钮至需要的位置，并调整好其大小。

③ 选择"幻灯片放映/动作设置"菜单命令。或用鼠标右击幻灯片上的"动作按钮"，在显示的快捷菜单中选"动作设置"命令。弹出如图 5.4-10 所示的"动作设置"对话框。

④ 在"动作设置"对话框中分别设置"单击鼠标"和"鼠标移过"选项卡，单击"确定"按钮后，完成超链接的创建。

▶ 5.4.3　演示文稿的放映

演示文稿制作完毕后，在放映之前还需要根据放映环境设置放映的方式。

1. 隐藏幻灯片

图 5.4-10　"动作设置"对话框

在进行演示文稿放映时，可能会根据不同的听众对象、不同的听众层次采用不同的讲解方式。PowerPoint 2003 提供"隐藏幻灯片"功能解决这一问题。隐藏幻灯片的操作步骤如下：

① 选择要隐藏的幻灯片。

② 选择"幻灯片放映/隐藏幻灯片"菜单命令，即可完成隐藏幻灯片的设置，如图 5.4-11 所示。

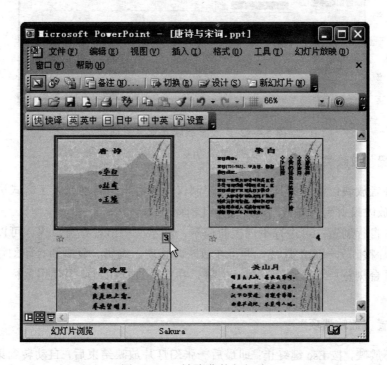

图 5.4-11　被隐藏的幻灯片

③ 或者选择"视图/幻灯片浏览"菜单命令，在"幻灯片浏览"视图中，选择要隐藏

的幻灯片，单击"幻灯片浏览"工具栏上的 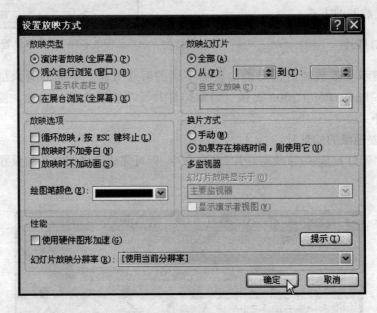（隐藏幻灯片）按钮，完成隐藏幻灯片的设置。

2. 设置放映方式

幻灯片有多种放映方式，用户根据演示文稿的用途和放映环境，可设置三种放映方式，具体操作步骤如下：

（1）打开"设置放映方式"对话框

选择"幻灯片放映/设置放映方式"菜单命令，弹出如图 5.4-12 所示的"设置放映方式"对话框。

图 5.4-12 "设置放映方式"对话框

（2）设置"放映类型"

① 演讲者放映：演讲者具有完整的控制权，并可采用自动或人工方式进行放映。需要将幻灯片放映投射到大屏幕上时，通常使用此方式。

② 观众自行浏览：可进行小规模的演示，演示文稿出现在窗口内，可以使用滚动条从一张幻灯片移到另一张幻灯片，并可在放映时移动、编辑、复制和打印幻灯片。

③ 在展台浏览：可自动运行演示文稿。在放映过程中，除了使用鼠标，大多数控制都失效。

（3）设置"放映选项"

① 循环放映，按 Esc 键终止：即最后一张幻灯片放映结束后，自动转到第一张幻灯片继续播放，直至按 Esc 键才能终止。

② 放映时不加动画：在放映幻灯片时，原先设定的动画效果失去作用，但动画效果

的设置参数依然有效。

（4）设置"放映幻灯片"

① 全部：幻灯片播放的范围为演示文稿中的所有幻灯片。

② 从…到…：以幻灯片编号的方式指定幻灯片的播放范围。

（5）设置"换片方式"

① 人工：在幻灯片放映时必须由人为干预才能切换幻灯片。

② 如果存在排练时间，则使用它：若在"幻灯片切换"对话框中设置了换页时间，幻灯片播放时可以按设置的时间自动切换。

5.5 演示文稿的打印和打包

▶ 5.5.1 打印演示文稿

制作完成的演示文稿不仅可以放映，还可以打印整份演示文稿、幻灯片、大纲、演讲者备注以及讲义。打印演示文稿需要做页面设置和打印设置两方面的工作。

1. 页面设置

① 打开要设置页面的演示文稿。

② 选择"文件/页面设置"菜单命令，弹出如图 5.5-1 所示的"页面设置"对话框。

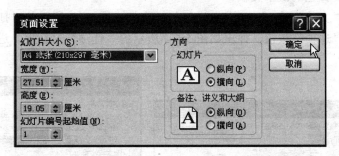

图 5.5-1 "页面设置"对话框

③ 分别设置"幻灯片大小"、"宽度"、"高度"、"幻灯片编号起始值"以及"方向"参数，单击"确定"按钮完成页面设置。

2. 设置打印选项

设置好打印页面后，就可以进一步设置打印选项。具体操作步骤如下：

① 选择"文件/打印"菜单命令，弹出如图 5.5-2 所示的"打印"对话框。

② 分别设置打印的内容、打印范围、打印份数以及其他一些特殊要求等。

③ 设置完成后，单击"确定"按钮开始打印。

图 5.5-2 "打印"对话框

▶ 5.5.2 演示文稿的打包

PowerPoint 2003 提供了"打包成 CD"功能来解决在其它未安装 PowerPoint 2003 的计算机上运行幻灯片放映的问题。具体操作步骤如下：

① 打开要打包的演示文稿。

② 选择"文件/打包成 CD"菜单命令，弹出如图 5.5-3 所示的"打包成 CD"对话框。

③ 单击"选项"按钮，弹出如图 5.5-4 所示的"选项"对话框，进一步设置打包文件的相关参数。

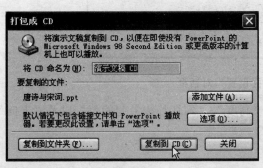

图 5.5-3 "打包成 CD"对话框

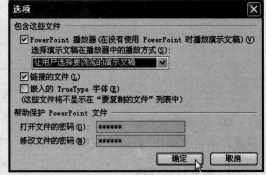

图 5.5-4 "选项"对话框

④ 若要将更多的演示文稿打包成 CD，则可以单击"添加文件"按钮，弹出"添加文件"对话框，选择要添加的文件，单击"添加"按钮即可完成打包文件的添加，返回到如图 5.5-5 所示的"打包成 CD"对话框，可以使用 ⬆ 和 ⬇ 按钮调整打包后演示文稿的播

放顺序。

⑤ 单击"复制到 CD"按钮即可完成演示文稿的打包。需要说明的是"打包成 CD"功能需要在主机安装光盘刻录机的情况下才能实现。

⑥ 若要将打包后的文件存放到磁盘的某个文件夹中，则可以单击"复制到文件夹"按钮，弹出如图 5.5-6 所示的"复制到文件夹"对话框，指定文件存放位置及文件夹名称，单击"确定"按钮即可把演示文稿复制到指定文件夹中。

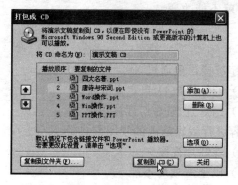

图 5.5-5　"打包成 CD"对话框　　　　　图 5.5-6　"复制到文件夹"对话框

习　　题

一、简答题

1. 简述在 PowerPoint 2003 中新建演示文稿的几种方法。

2. 简述幻灯片母版的作用。

3. 简述"幻灯片配色方案"和"背景"的区别。

4. 简述在进行幻灯片放映当中，隐藏部分幻灯片的操作方法。

二、填空题

1. 用 PowerPoint 制作的文件称为_____，其中每一张称为_____。

2. PowerPoint 母版可以分成四类：_____母版、_____母版、幻灯片母版和标题母版。

3. PowerPoint 提供了_____视图、_____视图、_____视图、幻灯片浏览视图和_____五种视图。

4. 每张幻灯片内容的具体布局格式称为_____。

5. "模板"是指演示文稿的_____，即演示文稿的背景或底图。

6. 在 PowerPoint 中要观看所有的幻灯片，应选择_____视图。全屏幕显示幻灯片的是_____视图模式。

7. 调整幻灯片指对幻灯片进行复制、_____、_____、移动等操作。

8. 更改演示文稿模板时，使用_____菜单命令，在幻灯片设计任务窗格中选择所需要的设计模板。

9. 演示文稿的扩展名是_____。

10. 更改幻灯片的版式使用_____菜单命令，在_____任务窗格中选择所需的版式。

11. 在设计动画时，有两种不同的动画设计：一是_____；二是_____。

12. 创建超链接有使用_____命令和动作按钮两种方法。

三、选择题

1. 在 PowerPoint 中，对于"模板"的描述正确的是（　　）。

　（A）一旦选择了某种"模板"，整个演示文稿都自动采用该"模板"的设计方案

　（B）在制作幻灯片时，"模板"一旦选择，就不能改变

　（C）每一张幻灯片的模板可以不同

　（D）"模板"的配色是不可以改变的

2. 在 PowerPoint 中，设置两张幻灯片之间的超链接，要通过（　　）命令。

　（A）幻灯片放映/设置放映方式　　　　（B）幻灯片放映/自定义放映

　（C）幻灯片放映/动作设置　　　　　　（D）幻灯片放映/幻灯片切换

3. PowerPoint2003 中，不能对个别幻灯片内容进行编辑修改的视图方式是（　　）。

　（A）大纲视图　　　　　　　　　　　（B）幻灯片视图

　（C）幻灯片浏览视图　　　　　　　　（D）以上三项均不能

4. PowerPoint 中，在浏览视图下，按住 Ctrl 键并拖动某幻灯片，可以完成（　　）操作。

　（A）移动幻灯片　　　　　　　　　　（B）复制幻灯片

　（C）删除幻灯片　　　　　　　　　　（D）选定幻灯片

5. PowerPoint 中，下列说法错误的是（　　）。

　（A）允许插入在其他图形程序中创建的图片

　（B）在插入图片前，不能预览图片

　（C）选择"插入/图片"菜单命令，再选择"来自文件"

　（D）为了将某种格式的图片插入到 PowerPoint 中，必须安装相应的图形过滤器

6. PowerPoint 2003 为用户提供了五种不同方式的演示文稿视图，这五种视图可以从"视图"菜单中切换，也可以直接用 PowerPoint 2003 视图切换按钮切换。它们是（　　）。

　（A）普通、幻灯片、大纲、幻灯片浏览、幻灯片放映

　（B）普通、大纲、幻灯片、页面、幻灯片放映

　（C）联机版式、页面、大纲、主控文档、幻灯片

　（D）幻灯片、大纲、幻灯片浏览、备注页、幻灯片放映

7. PowerPoint 中，下列说法错误的是（　　）。

　（A）可以利用自动版式建立带剪贴画的幻灯片，用来插入剪贴画

　（B）可以向已存在的幻灯片中插入剪贴画

　（C）可以修改剪贴画

　（D）不可以为图片重新上色

第6章 计算机网络基础

本章主要介绍计算机网络的概念、功能及其分类，计算机网络设备，OSI 参考模型和 TCP/IP 协议，Internet 提供的服务，IP 地址及其分类、域名系统，IE 浏览器的使用，申请免费电子邮箱，QQ 软件的使用等内容。

<table>
<tr><td rowspan="7">学习目标</td><td>● 了解计算机网络的概念、功能及其分类</td></tr>
<tr><td>● 了解常用的计算机网络设备</td></tr>
<tr><td>● 了解 OSI 参考模型和 TCP/IP 协议</td></tr>
<tr><td>● 了解 Internet 提供的服务、IP 地址及其域名系统</td></tr>
<tr><td>● 熟练使用 IE 浏览器和搜索引擎</td></tr>
<tr><td>● 熟练掌握申请免费电子邮箱的步骤及收发邮件的方法</td></tr>
<tr><td>● 了解 QQ 软件的下载、安装及其使用</td></tr>
</table>

6.1 计算机网络概述

▶ 6.1.1 什么是计算机网络

计算机网络是现代计算机技术和通信技术密切结合的产物，是随着人们对信息共享和信息传递的要求而发展起来的。所谓计算机网络，就是利用通信设备和线路将地理位置不同、功能独立的多个计算机系统互连起来，以功能完善的网络软件（即网络通信协议、信息交换方式和网络操作系统等）实现网络中资源共享和信息传递的系统。

计算机网络的定义涉及到以下四个要点：

① 计算机网络中包含两台及两台以上地理位置不同且具有"自主"功能的计算机。

② 网络中各结点之间的连接需要有一条通道，即由传输介质实现物理互联。这条物理通道可以是双绞线、同轴电缆或光纤等"有线"传输介质；也可以是激光、微波或卫星等"无线"传输介质。

③ 网络中各结点之间互相通信或交换信息，需要有某些约定和规则，这些约定和规则的集合就是协议，其功能是实现各结点的逻辑互联。例如，Internet 上使用的通信协议是 TCP/IP 协议。

④ 计算机网络是以实现数据通信和网络资源（包括硬件资源和软件资源）共享为目的。要实现这一目的，网络中需配备功能完善的网络软件，包括网络通信协议（如 TCP/IP、

IPX/SPX）和网络操作系统（如 Windows 2000 Server、Linux 等）。

▶ 6.1.2 计算机网络的功能

计算机网络提供的主要功能有数据通信、资源共享、负载均衡、提高可靠性等。

1. 数据通信

数据通信是计算机网络的主要功能之一，用以在计算机系统之间传送各种信息。利用该功能，地理位置分散的生产单位和业务部门可通过计算机网络连接在一起进行集中控制和管理。

2. 资源共享

资源共享是计算机网络最有吸引力的功能。"资源"指的是网络中所有的软件、硬件和数据资源。"共享"指的是网络中的用户都能够部分或全部地享受这些资源。例如，某些地区或单位的数据库（如飞机机票、饭店客房等）可供全网使用；某些单位设计的软件可供需要的地方有偿调用或办理一定手续后调用；一些外部设备如打印机，可面向用户，使不具有这些设备的地方也能使用这些硬件设备。如果不能实现资源共享，各地区都需要有完整的一套软、硬件及数据资源，则将大大地增加全系统的投资费用。

3. 负载均衡

在计算机网络中可进行数据的集中处理或分布式处理，一方面可以通过计算机网络将不同地点的主机或外设采集到的数据信息送往一台指定的计算机，在此计算机上对数据进行集中和综合处理，通过网络在各计算机之间传送原始数据和计算结果；另一方面当网络中某台计算机任务过重时，可将任务分派给其他空闲的多台计算机，使多台计算机相互协作，均衡负载，共同完成任务。

4. 提高可靠性

提高可靠性是指在计算机网络中的各台计算机可以通过网络彼此互为后备机。一旦某台计算机出现故障，故障机的任务就可由其他计算机代为处理。

▶ 6.1.3 计算机网络的分类

从不同的角度出发可以对计算机网络做出不同的分类。

1. 按网络的覆盖范围分类

按照互联网的计算机之间的距离和网络覆盖面的大小，一般分为以下三类：

1）局域网（Local Area Network，简称 LAN） 一般限定在较小的区域内，小于 10 公里的范围，通常采用有线的方式连接起来。

2）城域网（Metropolitan Area Network，简称 MAN） 规模局限在一座城市的范围内，10～100 公里的区域。

3）广域网（Wide Area Network，简称 WAN） 广域网跨越国界、洲界，甚至覆盖全球范围。

目前局域网和广域网是网络的热点。局域网是组成其他两种类型网络的基础，城域网一般都加入了广域网。广域网的典型代表是 Internet 网。

2. 按网络拓扑结构分类

计算机网络的物理连接形式称为网络的物理拓扑结构。连接在网络上的计算机、大容量的外存、高速打印机等设备均可看做是网络上的一个节点，也称为工作站。按拓扑结构，计算机网络可分如图 6.1-1 所示的五类。

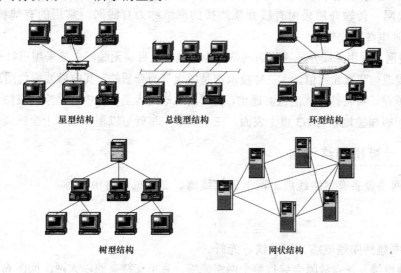

图 6.1-1　常见网络拓扑结构

1）星型结构 各站点通过点到点的链路与中心站相连。星型结构的特点是很容易在网络中增加新的站点，数据的安全性和优先级容易控制，易实现网络监控，但中心节点的故障会引起整个网络瘫痪。

2）总线型结构 网络中所有的站点共享一条数据通道。总线型网络安装简单方便，需要铺设的电缆最短，成本低，某个站点的故障一般不会影响整个网络。但介质的故障会导致网络瘫痪，总线网安全性低，监控比较困难，增加新站点也不如星型网容易。

3）环型结构 各站点通过通信介质连成一个封闭的环形。环形网容易安装和监控，但容量有限，网络建成后，难以增加新的站点。

4）树型结构 树型结构实际上星型结构的一种变形，形状像一棵倒置的树，顶端是树根，树根以下带分支，每个分支还可再带子分支。这种结构与星型结构相比降低了通信线路的成本，但增加了网络复杂性。除了最低层节点，任何一个节点连线的故障均影响其所在支路网络的正常工作。

5）网状结构 网状结构的优点是节点间路径多，碰撞和阻塞可大大减少，局部的故障不会影响整个网络的正常工作，可靠性高；网络扩充和主机入网比较灵活、简单。但这种网络关系复杂，建网不易，网络控制机制复杂。广域网中一般采用网状结构。

3. 按通信方式分类

1）点对点传输网络 数据以点到点的方式在计算机或通信设备中传输。星型网、环型网采用这种传输方式。

2）广播式传输网络 数据在共用介质中传输。无线网和总线型网络属于这种类型。

4. 按传输介质分类

传输介质是指数据传输系统中发送装置和接收装置间的物理媒体，按其物理形态可以划分为有线和无线两大类。

1）有线网 传输介质采用有线介质连接的网络称为有线网，常用的有线传输介质有双绞线、同轴电缆和光纤。

2）无线网 采用无线介质连接的网络称为无线网。目前无线网主要采用三种技术：微波通信、红外线通信和激光通信。这三种技术都是以大气为介质的。其中微波通信用途最广，目前的卫星网就是一种特殊形式的微波通信，它利用地球同步卫星作中继站来转发微波信号，一个同步卫星可以覆盖地球的 1/3 以上表面，三个同步卫星就可以覆盖地球上全部通信区域。

▶ 6.1.4 计算机网络设备

常见的网络设备有网络线缆、网卡、集线器、交换机和路由器等。

1. 线缆

线缆主要包括同轴电缆、双绞线、光纤。

1）同轴电缆 一点故障会导致整个网络瘫痪，且不支持高速以太网，如图 6.1-2 所示。

2）双绞线 屏蔽双绞线传输距离 100 米，速率 10～100Mb/s，STP 接头；非屏蔽双绞线传输距离 100 米，速率 10～100Mb/s，RJ45 接头。主要用于点到点连接，一般不用于多点连接，如图 6.1-3 所示。

图 6.1-2　同轴电缆　　　　　　　图 6.1-3　非屏蔽双绞线

3）光纤 光纤为光导纤维的简称，由直径大约 0.1 毫米的细玻璃丝构成。光纤的传输速率快，传输容量大，线路损耗低，传输距离远，抗干扰力强，主要分为单模光纤和多模光纤，如图 6.1-4 所示。

2. 网卡

网卡（Network Interface Card，简称 NIC），也称网络适配器，是电脑与局域网相互连接的设备。无论是普通电脑还是高端服务器，只要连接到局域网，就都需要安装一块网卡。

如果有必要，一台电脑也可以同时安装两块或多块网卡，如图6.1-5所示。

图6.1-4 光纤

图6.1-5 网卡

3. 集线器

集线器的英文称为"Hub"。"Hub"是"中心"的意思，集线器的主要功能是对接收到的信号进行再生整形放大，以扩大网络的传输距离，同时把所有节点集中在以它为中心的节点上，如图6.1-6所示。

图6.1-6 集线器

4. 交换机

交换机也称交换式集线器，它同样具备许多接口，提供多个网络节点互连。但它的性能却较共享集线器大为提高，相当于拥有多条总线，好像一座立交桥，使各端口设备能独立地作数据传递而不受其他设备影响，表现在用户面前即是各端口有独立、固定的带宽。此外，交换机还拥有集线器所不具备的功能，如数据过滤、网络分段、广播控制等。

5. 路由器

路由器是一种用于路由选择的专用设备，是网络互连的关键设备，主要用于局域网和广域网的互联，提供路径选择和数据转发功能等。路由器负责在各段广域网和局域网间根据地址建立路由，将数据送到最终目的地。

全球最大的互联网 Internet 就是由众多的路由器连接起来的计算机网络组成的，可以说，没有路由器，就没有今天的 Internet。

6.2 计算机网络体系结构

▶ 6.2.1 ISO/OSI 网络参考模型

1. 网络协议

为了使计算机网络中的不同设备能进行数据通信而预先制定了一整套通信双方相互了解和共同遵守的格式和约定，网络协议就是这一系列规则和约定的规范性描述，定义了网络设备之间如何进行信息交换。网络协议是计算机网络的基础，只有遵从相应协议的网络设备之间才能够通信。

2. OSI 网络参考模型

就像盖房子要有图纸一样，网络也需要一个标准或是模型来进行规划，这个模型就是我们常说的 OSI 网络七层参考模型。OSI 参考模型是一个详细定义了每一层网络功能的概念性的框架结构，它并不是真实存在。简而言之，一个模型就是描述信息是如何在网络之间传递的一种方式。如图 6.2-1 所示，OSI 七层参考模型从下到上分别是物理层、数据链路层、网络层、运输层、会话层、表示层和应用层。OSI 参考模型各层主要功能如下：

（1）物理层

物理层是 OSI 模型的最低层，它向下直接与传输介质相连接，向上相邻且服务于数据链路层，其任务是实现物理上互连系统间的信息传输。该层将信息按比特一位一位地从一个系统经物理通道送往另一系统，以实现两系统间的物理通信。

（2）数据链路层（链路层）

数据链路可以粗略理解为数据通道。数据链路层的任务是以物理层为基础，为网络层提供透明的、正确的和有效的传输线路，通过数据链路协议，实施对二进制数据进行正确、可靠的传输，而对二进制数据所代表的字符、分组或报文的含义并不关心。

（3）网络层

网络层是通信子网与用户资源子网之间的接口，也是高、低层协议之间的界面层。网络层的主要功能是支持网络连接的实现，包括对点到点结构的网络连接、由具有不同特点的子网所支持的网络连接等。

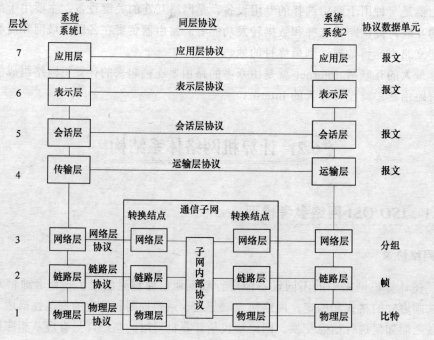

图 6.2-1　OSI 参考模型分层结构及协议

（4）传输层

传输层是通信子网与用户资源子网的界面和桥梁。传输层下面三层属于通信子网，面向数据通信，上面三层属于资源子网，面向数据处理。因此，传输层位于高层和低层中间，起承上启下作用，它是负责数据传输的最高一层，也是整个七层协议中最重要和最复杂的一层。

（5）会话层

所谓会话，是指在两个用户之间为交换信息而按照某种规则建立的一次暂时联系。会话可以使一个远程终端登录到远的计算机，进行文件传输或进行其他的应用。会话层对数据传输提供控制和管理。

（6）表示层

表示层为应用层服务，该层处理的是通信双方之间的数据表示问题，包括语法转换和传送语法的选择、数据加密与解密、文本压缩等。

（7）应用层

应用层是 OSI 的最高层，直接面向用户，是计算机网络与最终用户的界面。应用层负责两个应用进程（应用程序或操作员）之间的通信，为网络用户之间的通信提供专用程序。

▶ 6.2.2 TCP/IP 协议

网络协议有很多种，目前广泛使用的是 TCP/IP 协议。

TCP/IP 协议，即传输控制协议/网际协议，是当今计算机网络最成熟、应用最广泛的网络互联技术。TCP/IP 协议事实上是一个协议集合，目前包含了 100 多个协议，TCP 和 IP 是其中的两个协议，也是最基本、最重要的两个协议，因此通常用 TCP/IP 协议来代表整个 Internet 协议集。

TCP/IP 采用分层体系结构，对应于 OSI 模型的层次结构，可分四层：网络接口层、网络层、传输层和应用层，如图 6.2-2 所示。

OSI 模型		TCP/IP 协议	
应用层		应用层	HTTP FTP DNS Telnet SMTP
表示层			
会话层			
传输层		传输层	TCP UDP
网络层		网络层	IP ICMP
数据链路层		网络接口层	X.25 PPP
物理层			

图 6.2-2 TCP/IP 协议及其与 OSI 模型的对应关系

（1）网络接口层

网络接口层是 TCP/IP 参考模型的最低层，与 OSI 的链路层和物理层相对应，负责管理设备和网络之间的数据交换。

（2）网络层

网络层也叫网际层，是 TCP/IP 参考模型的第二层，与 OSI 的网络层相对应，负责将源主机的报文分组发送到目的主机，源主机与目的主机可以在同一个网上，也可以在不同的网上。

网络层主要的协议是无连接的网络互连协议（IP，Internet Protocol）和 Internet 控制报文协议（ICMP，Internet Control Message Protocol）。

（3）传输层

传输层是 TCP/IP 参考模型的第三层，与 OSI 的传输层的功能相对应，它负责在应用进程之间的"端—端"通信。

传输层可使用两种不同的协议：一种是面向连接的传输控制协议（TCP，Transmission Control Protocol）；另一种是无连接的用户数据报协议（UDP，User Data Protocol）。

（4）应用层

应用层是 TCP/IP 参考模型的最高层，与 OSI 模型的上三层相对应（应用层、表示层和会话层），为各种应用程序提供了使用的协议，主要有以下几种：

① HTTP：超文本传输协议，用来访问在 WWW 服务器上的各种页面。

② FTP：文件传输协议，为文件的传输提供途径（上传、下载文件）。

③ DNS：域名系统，用于实现从主机（域名）到 IP 地址的转换。

④ Telnet：远程登录协议，实现互联网中工作站（终端）登录到远程服务器的能力。

⑤ SMTP：简单邮件传输协议，实现互联网中电子邮件的传送功能。

6.3 Internet 及 其 应 用

Internet 的全称是 Inter-network，中文译作因特网，是集计算机技术和通信技术于一体的全球计算机互联网。从网络通信技术的观点来看，Internet 是一个以 TCP/IP 通信协议为基础，连接各个国家、各个部门、各个机构计算机的数据通信网；从信息资源的观点来看，Internet 是一个集各个领域、各个学科的各种信息资源为一体的、供网上用户共享的数据资源网。

基于 Internet 的网络应用主要有网络音乐、网络新闻、即时通信、网络视频、搜索引擎、电子邮件、网络游戏、博客/个人空间、论坛/BBS 和网络购物等。

▶ 6.3.1 Internet 简介

Internet 是目前世界上最大的计算机网络，起源于美国国防部高级研究计划局（ARPA）主持研制的 ARPAnet。

简单地说，Internet 是由遍布全球的各种网络系统、主机系统通过一个协议族（TCP/IP）连接在一起所组成的世界性计算机网络系统。

中国从 1994 年起正式接入 Internet。目前，我国直接接入 Internet 的网络主要有：

① 中国公用计算机互联网 CHINANET。

② 中国教育和科研计算机网 CERNET。

③ 中国科学技术网 CSTNET。

④ 中国金桥信息网 CHINAGBN。

⑤ 中国联通互联网 UNINET。

⑥ 中国网通公用互联网 CNCNET。

⑦ 中国移动互联网 CMNET。

其中前四大网络发展最早、影响最广泛，称为我国的四大互联网。

► 6.3.2 Internet 地址和域名服务

为了在网络环境下实现计算机之间的通信，网络中的任何一台计算机必须有一个地址，而且同一个网络中的地址不允许重复。一般在进行数据传输时，通信协议需要在所要传输的数据中增加某些信息，其中最重要的就是发送信息的计算机地址（称为源地址）和接收信息的计算机地址（称为目标地址）。

Internet 上的网络地址有两种表示形式：IP 地址和域名地址。这两者是相对应的，与日常用的电话号码一样，它们也是唯一的。无论是从使用 Internet 的角度还是从运行 Internet 的角度看，IP 地址和域名地址都是十分重要的概念。

1. IP 地址

IP 地址是以 IP 协议为标识的主机所使用的地址，它是 32 位的无符号二进制数（可用十进制表示），分为 4 个字节，中间用圆点分隔，以 X.X.X.X 表示，每个 X 为 8 位，对应的十进制取值为 0～255，这样的地址也被称为点分十进制地址，如 168.235.56.5。IP 地址的管理是由一个叫国际互联网络中心（NIC）的国际组织统一管理的，中国也有相应的组织叫中国国际互联网络中心（CNNIC）。

2. IP 地址的种类

一个 IP 地址由两部分组成：网络号和主机号。网络号表示在同一物理子网上的所有计算机和其他网络设备，同一网络中的所有主机有一个唯一的网络号；主机号在一个特定网络号中代表一台计算机或网络设备。对于同一个网络号来说，主机号是唯一的。

为了适应不同规模的网络，Internet 组织已经将 IP 地址进行了分类，根据网络规模中主机总数的大小主要分为 A、B、C 三类。

（1）A 类地址

最高位用二进制 0 标识，其网络号占用 7 位，其余 24 位表示主机号，总共有 126 个网络。A 类网络地址数量较少，一般分配给少数拥有大量主机的大型网络，其可用地址范围是：1.0.0.1～126.255.255.254。

（2）B 类地址

最高两位用二进制 10 标识，其网络号占用 14 位，可分配的网络地址为 16384 个（2^{14}）。B 类网络地址一般适用于中等规模的网络，其可用地址范围是：128.0.0.1～191.255.255.254。

（3）C 类地址

最高三位用二进制 110 标识，其网络号占用 21 位，可分配的网络地址为 2097152 个（2^{21}）。C 类网络地址数量较多，适用于小规模的局域网络，其可用地址范围是：192.0.0.1～223.255.255.254。

3. 域名及其分类

虽然 IP 地址可以区别 Internet 中的每一台主机，但这种数字型的地址实在不好记忆。为了解决这个问题，人们设计了用"."分隔的一串英文单词来标识每台主机的方法，这种字符型的地址就是域名地址，简称域名（Domain Name）。域名是用来替代 IP 地址以方便浏览者访问的，因此它具有全球唯一性和全球可访问性的特征。按照美国地址取名的习惯，小地址在前、大地址在后的方式，为互联网的每一台主机取一个见名知意的地址，如：

美国 IBM 公司：ibm.com。

微软公司：microsoft.com。

中国清华大学：tsinghua.edu.cn。

（1）域名的格式

一个完整的域名一般由两个或两个以上部分构成，中间由点号"."分隔开，如 www.sina.com.cn。

域名由字母、数字和连字符组成，不区分大小写，完整的域名总长度不超过 255 个字符。实际使用中，每个域名长度一般小于 8 个字符。Internet 主机域名的格式为：

主机名.组织机构名.网络名.顶级域名

如新浪网的域名为 www.sina.com.cn，表示主机在中国（cn）注册的，属于赢利性商业实体（com），名字叫新浪（sina），提供 www 服务（www）。

（2）域名的分类

我们常见的域名可分为国际顶级域名、CN 顶级域名和中文域名三类。

1）国际顶级域名　国际顶级域名是以"国际通用域"为后缀的域名，不同的后缀代表不同的含义。常见的"国际通用域"有：.com、.biz 表示商业机构，.net 表示网络服务机构，.org 表示非赢利机构，.gov 表示政府机构，.edu 表示教育机构，.info 表示信息服务机构，.tv 表示视听电影服务机构，.name 表示用于个人的顶级域名等，随着网络的发展还将有更多的国际顶级域名产生。

2）CN 顶级域名　CN 顶级域名通常是以"国际通用域"和"国家域"两部分或直接以"国家域"为后缀的域名。"国家域"是根据 ISO31660 规范的各个国家都拥有的固定国家代码，如 cn 代表中国、jp 代表日本、uk 代表英国等，常见的 CN 顶级域名有.cn、.com.cn、.net.cn、.org.cn 和.gov.cn 等。

3）中文域名　中文域名是能用汉字命名的新一代域名，它是中国人自己的域名，使用、记忆非常方便。根据信息产业部《关于中国互联网络域名体系的公告》，中文域名根据顶级域的不同分为以下四种类型：.cn、.中国、.公司和.网络。例如，北京大学的中文域名就是"北京大学.cn"或者"北京大学.中国"作为中文形式的域名。用户只需在 IE 浏览器地址栏中直接输入中文域名，例如"北京大学.cn"，即可访问相应网站。

4. 域名系统 DNS（Domain Name System）

在 Internet 上域名与 IP 地址之间是一一对应的，域名虽然便于人们记忆，但机器之间只能互相认识 IP 地址，因此还需要将域名地址翻译成对应的 IP 地址，这一命名方法及域名地址转换成 IP 地址的翻译系统就构成了域名系统（Domain Name System，简称 DNS）。用户在地址栏中输入域名，域名系统 DNS 会自动将其翻译成 IP 地址。

▶ 6.3.3 Internet 提供的主要服务

Internet 为广大用户提供多种形式的信息服务，主要有以下几个方面。

1. WWW 服务

WWW（World Wide Web）译为万维网、全球信息网，简称 Web 或 3W，是一种交互式图形界面的 Internet 服务，具有强大的信息连接功能，也是 Internet 上最方便和用户最受欢迎的信息服务类型。

（1）超文本标记语言与超文本传输协议

WWW 是以超文本标记语言 HTML 与超文本传输协议 HTTP 为基础，能够提供面向 Internet 服务的、一致的用户界面的信息浏览系统。其中 WWW 服务器采用超文本链路来链接信息页，这些信息页既可以放置在同一主机上，也可以放置在不同地理位置的主机上。WWW 服务的特点是它高度的集成性，它能将各种类型的信息（如文本、图像、声音、动画等）紧密连接在一起，提供生动的图形用户界面和动态的多媒体交互手段。

（2）统一资源定位器 URL

HTTP 的超链接使用统一资源定位器 URL 来定位信息资源所在的位置，标准的 URL 格式如下：

协议://主机名或 IP 地址：端口号/路径名/文件名

URL 描述了浏览器检索资源所用的协议、资源所在的计算机主机名以及资源的路径与文件名。

1）协议 又称服务类型。常用的有：HTTP、FTP、Telnet 等。

2）端口号 可以缺省，缺省时使用默认的端口号。

3）"/" 后面是信息资源在服务器上存放的路径和文件名。

2. 电子邮件服务（E-mail）

电子邮件（E-mail）已成为 Internet 上使用最多和最受用户欢迎的信息服务之一，它是一种通过计算机网络与其他用户进行快速、简便、高效、价廉的现代通信手段。自从 20 世纪 90 年代 Internet 流行以后，电子邮件系统有了统一的协议和标准，使得接入 Internet 的计算机都能传输和收发电子邮件。电子邮件系统的主要功能和特点是快速、简单方便、便宜，能够实现邮件群发，通过附件可以传送除文本以外的声音、图形、图像、动画等各种多媒体信息。还具有较强的邮件管理和监控功能，给用户提供一些高级选项，如支持多种语言文本，设置邮件优先权、自动转发、邮件回执、加密信件以及进行信息查询等。

使用电子邮件首要条件是拥有一个电子邮箱。电子邮箱是由电子邮件服务机构（一般是 ISP）为用户建立起来的，实际上是在 ISP 的 E-mail 服务器磁盘上为用户开辟的一块专用存储空间。E-mail 账户包括用户名和用户密码。每个邮箱都有一个邮箱地址，称为 E-mail 地址。

E-mail 地址的格式为：用户名@主机名。其中："@" 符号表示 "at"，意思是 "在"；用户名指在该计算机上为用户建立的 E-mail 账户名；主机名指拥有独立 IP 地址的计算机的名字。

电子邮件系统采用了简单邮件传输协议 SMTP 和邮局传输协议 POP3 协议，保证不同类型的计算机之间的邮件传输。客户机的电子邮件通过 SMTP 协议传送到电子邮件服务器上，在服务器之间实现了邮件传递后，最后接收主机通过 POP3 协议从电子邮件服务器上接收传来的电子邮件。

3. 远程登录服务（Telnet）

远程登录是 Internet 提供的最基本的信息服务之一。远程登录是在网络通信协议 Telnet 的支持下使本地计算机暂时成为远程计算机仿真终端的过程。在远程计算机上登录，必须事先成为该计算机系统的合法用户并拥有相应的账号和口令，登录时要给出远程计算机的域名或 IP 地址，并按照系统提示，输入用户名及口令；登录成功后，用户便可以使用该系统对外开放的功能和资源，共享它的软硬件资源和数据库，使用其提供的 Internet 的信息服务，如 E-mail、FTP、Archie、Gopher、WWW、WAIS 等。

4. 文件传输服务（FTP）

文件传输是指计算机网络上主机之间传送文件，它是在网络通信协议 FTP（File Transfer Protocol）的支持下进行的。

用户一般不希望在远程联机情况下浏览存放在计算机上的文件，而更乐意先将这些文件取回到自己计算机中，这样不但能节省时间和费用，还可以从容地阅读和处理这些取来的文件。Internet 提供的文件传输服务 FTP 正好能满足用户的这一需求。Internet 上的两台计算机在地理位置上无论相距多远，只要两者都支持 FTP 协议，网上的用户就能将一台计算机上的文件传送到另一台。

FTP 与 Telnet 类似，也是一种实时的联机服务。使用 FTP 服务，用户首先要登录到对方的计算机上，与远程登录不同的是，用户只能进行与文件搜索和文件传送等有关的操作。使用 FTP 可以传送任何类型的文件，如二进制文件、图像文件、声音文件、数据压缩文件等。

普通的 FTP 服务要求用户在登录到远程计算机时提供相应的用户名和口令。许多信息服务机构为了方便用户通过网络获取其发布的信息，提供了一种称为匿名 FTP 的服务。用户在登录到这种 FTP 服务器时无需事先注册或建立用户名与口令，而是以 Anonymous 作为用户名，一般用自己的电子邮件地址作为口令。

5. 网络新闻服务（USEnet）

网络新闻（Network News）通常又称作 USEnet。它是具有共同爱好的 Internet 用户相互交换意见的一种无形的用户交流网络，相当于一个全球范围的电子公告牌系统。网络新闻是按不同的专题组织的，志趣相同的用户借助网络上一些被称为新闻服务器的计算机开展各种类型的专题讨论。只要用户的计算机运行一种称为"新闻阅读器"的软件，就可以通过 Internet 随时阅读新闻服务器提供的分门别类的消息，并可以将你的见解提供给新闻服务器以便作为一条消息发送出去。

▶ 6.3.4　IE 浏览器的使用

IE（Internet Explorer）浏览器是微软公司推出的免费浏览器。IE 浏览器最大的好处在于：浏览器直接绑定在微软的 windows 操作系统中，当用户电脑安装了 windows 操作系统之后，无需专门下载安装浏览器即可利用 IE 浏览器实现网页浏览。

1. IE 浏览器的启动

用户要打开 IE 浏览器，可以通过以下方法来实现：

① 如果桌面上有 Internet Explorer 图标 ，则双击该图标。

② 如果快速启动栏中有 Internet Explorer 图标，单击该图标，如图 6.3-1 所示。

③ 选择"开始/程序/Internet Explores"菜单命令，打开 IE 浏览器窗口。

图 6.3-1　快速启动栏中的 IE 图标

2. 认识 IE 浏览器的主界面

认识并了解 IE 浏览器的窗口组成，有利于用户更高效地使用浏览器查看网页。IE 浏览器的窗口主要由菜单栏、工具栏、地址栏、链接栏、Web 页主窗口和状态栏组成，如图 6.3-2 所示。

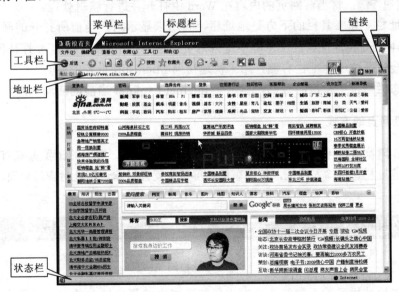

图 6.3-2　IE 浏览器的主界面

1）标题栏　标题栏位于窗口的顶部，它的左上角显示了所打开网页的名称，如"微软有限公司"，在标题栏的右边是窗口控制按钮，以来控制窗口的大小。

2）菜单栏　菜单栏有"文件"、"编辑"、"查看"、"收藏"、"工具"和"帮助"六个菜单，这六个菜单包括了所有的操作命令。用户可以通过这些菜单，实现保存网页、查找内容、收藏站点、脱机浏览等操作。

3）工具栏　工具栏列出了用户在浏览网页时所需要的最常用的工具按钮，如图 6.3-3 所示，如果能够灵活地运用这些工具，将收到事半功倍的效果。工具栏上各个按钮的含义如下：

图 6.3-3　IE 浏览器的工具栏

后退按钮 ：返回到上一个网页进行浏览。

前进按钮 ：跳转到下一个网页进行浏览。

停止按钮 ：停止访问当前页，当试图访问的网页要经过很长时间才能显示时，这一按钮可以帮助您取消这一页。

刷新按钮 ：重新读取当前网页的内容。

主页按钮 ：返回到浏览器默认的网页。

搜索按钮 ：搜索用户键入的相关信息。

收藏按钮 ：打开或整理收藏夹，相当于书签的功能。

历史按钮 ：显示网页操作过程中的历史记录。

邮件按钮 ：阅读、新建、发送电子邮件或新闻。

打印按钮 ：打印当前网页的内容。

编辑按钮 ：将当前网页的内容在 Word 中打开并进行编辑处理。

4）地址栏　在工具栏的下方是地址栏，它用来显示用户当前所打开的网页的地址，常称地址为网址。在地址栏的文本框中键入网页地址并按下回车键，就会打开相应的网页。

5）链接栏　位于地址栏右侧，用来快速访问 Microsoft 推荐的站点。

6）状态栏　位于窗口的底部，显示了 Internet Explorer 当前的活动状态。

3. 浏览网页的方式

通过 IE 浏览器，可以很方便地浏览 Internet 上的资源。常用的浏览方式有以下四种：

① 在地址栏直接输入网址，按回车键，屏幕上就会显示该网址对应的页面，如图 6.3-4 所示。

图 6.3-4　地址栏浏览网页

② 单击地址栏旁的下拉箭头，在出现的列表中选择地址并单击，屏幕上就会显示该网址对应的页面，如图 6.3-5 所示。

③ 单击"收藏"菜单，在出现的列表中选择地址并单击，屏幕上就会显示该网址的页面，如图 6.3-6 所示。

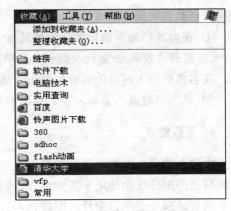

图 6.3-5 通过地址栏选择网址　　　　图 6.3-6 通过收藏夹选择网址

④ 单击工具栏中的"历史"按钮,在屏幕左边出现如图 6.3-7 所示的历史记录窗口,单击要查看的网页,屏幕上显示该网页的内容。

用以上四种方式打开网页后,可以单击网页上的链接查看其他网页。

4. 设置浏览器的主页

主页是每次启动 IE 浏览器时自动链接的页面,IE 浏览器的主页是可以更改的。一般情况下,将每次上网都光顾的网页设置为主页。设置浏览器主页的步骤如下:

① 选择"工具/Internet 选项"菜单项,弹出如图 6.3-8 所示的对话框,在地址栏键入主页地址,如输入新浪的主页,单击"确定"按钮。

图 6.3-7 选择历史记录中的网址　　　　图 6.3-8 Internet 选项对话框

② 重新启动 IE 浏览器,看打开的页面是不是新浪网,如果是这样,说明设置成功,否则重新设置。

5. 将网页添加到收藏夹

收藏夹就像一个网页目录,将经常访问的网页添加到收藏夹中,就会方便以后浏览这些网页，具体的操作步骤如下：

① 在地址栏输入清华大学的网址 www.tsinghua.edu.cn，进入该网的主页。

② 选择"收藏/添加到收藏夹"菜单项，弹出如图 6.3-9 所示的"添加到收藏夹"对话框。在名称框输入网页的名称，单击"确定"按钮。

③ 单击"收藏"菜单，在其菜单中可以看到刚添加的网页名称。

6. 下载信息

收藏在收藏夹中的网页虽然可以脱机浏览，但不能将其全部或部分用于其他地方，如果将网页的部分或全部用于其他地方，则应当利用下载的方法。网络中可以下载的内容有整个网页，部分文字、图片、图像、声音、软件等信息。

下载网页是指将某个网页从 Internet 上接收下来，并保存到用户所指定的文件夹中。选择"文件/另存为"菜单命令，屏幕显示"保存网页"对话框，如图 6.3-10 所示。

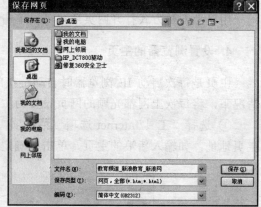

图 6.3-9 "添加到收藏夹"对话框 　　　　图 6.3-10 "保存网页"对话框

注意：保存网页一般选用 html 或 htm 格式，也可以选用 txt 格式，但 txt 格式只能保存文字，不能保存图片等信息。

如果对某个网页上的图片感兴趣，首先打开这个网页，用鼠标指到喜欢的图片上，单击鼠标右键，弹出如图 6.3-11 所示的快捷菜单，选择此菜单中的"图片另存为"命令，弹出如图 6.3-12 所示的"保存图片"对话框，然后在"文件名"栏里输入新的文件名，单击"保存"按钮。如果选择弹出菜单中的"复制"命令可以将图片传送到剪贴板或文件中。

如果只希望下载文字，可以选定需要下载的文字，执行 Internet 浏览器中的菜单"编辑/复制"命令，然后利用"编辑/粘贴"命令就可以将文字复制到指定的地方（如 Word 或者记事本中）。

对于软件的下载，要按照软件厂商指定的网址去下载，有些是免费的，有些是收费的。有些软件容量较大，可以借助腾讯超级旋风、迅雷、网际快车 FlashGet 等软件加速下载。

图 6.3-11 "保存图片"快捷菜单　　图 6.3-12 "保存图片"对话框

▶ 6.3.5 电子邮件的使用

现在很多大型网站提供 1G 到 10G 不等的大空间免费电子邮箱服务，例如新浪免费邮箱、搜狐免费邮箱、网易免费邮箱等均提供免费电子邮件注册服务。除了基本收发邮件功能之外，各免费邮箱的空间大小和功能都有自己的特点。部分免费电子邮箱登录地址如下：

网易免费邮箱：申请网易 126 免费邮箱（http://www.126.com/）、申请网易 163 免费邮箱（http://mail.163.com/）。

新浪免费邮箱：http://mail.sina.com.cn/。

雅虎免费邮箱：http:// mail.cn.yahoo.com/。

21CN 免费邮箱：http://mail.21cn.com/。

Tom 免费邮箱：http://mail.tom.com/。

Hotmail 免费邮箱：http://www.Hotmail.com/。

MSN 免费邮箱：http://www.msn.com/。

QQ 免费邮箱：http://mail.qq.com/。

1. 申请免费电子邮箱

现以网易的免费邮箱登录申请为例，介绍申请方法和操作步骤。

① 启动 Internet Explorer 浏览器。

② 在浏览器窗口地址栏中输入 http://www.126.com，按回车后进入网易的免费邮箱登录页面，如图 6.3-13 所示。

③ 单击"注册"按钮，进入图 6.3-14 所示的界面。

④ 输入用户名和出生日期，假定用户名为"lihua_internet"，出生日期的填写请看图内提示。

⑤ 单击"下一步"按钮，进入图 6.3-15 所示的界面。设置密码及填写必要的个人资料，假定密码为"123456"，具体填写时密码不能过于简单。

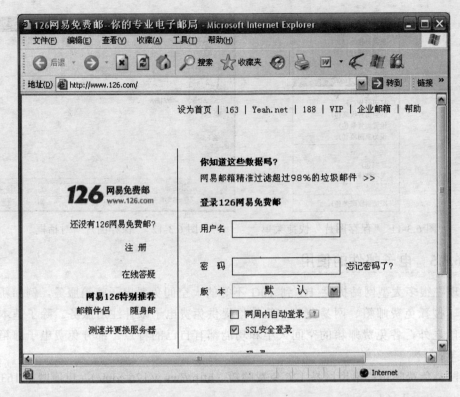

图 6.3-13　网易的免费邮箱登录页面

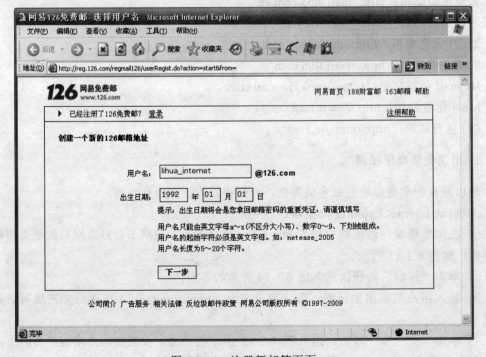

图 6.3-14　注册新邮箱页面

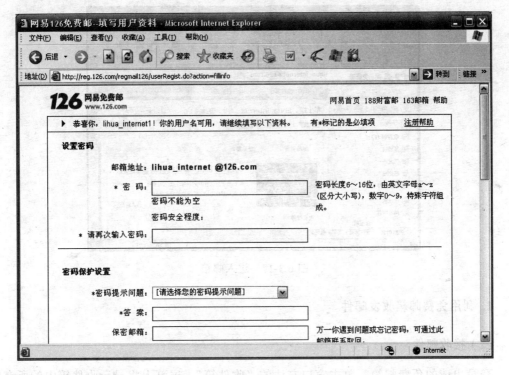

图 6.3-15 填写用户资料

⑥ 填写完毕后单击页面底部的"我接受下面的条款,并创建账号"按钮,如果填写的资料没有错误,则弹出图 6.3-16 所示的注册成功页面。

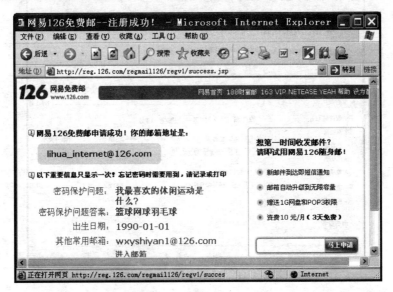

图 6.3-16 注册成功

⑦ 单击"进入邮箱"链接可登录到创建的新邮箱,如图 6.3-17 所示。

图 6.3-17　进入邮箱

2. 利用免费邮箱收发邮件

（1）接收邮件

登录申请的免费邮箱，单击窗口左边的"收件箱"，屏幕上将显示收件箱中的所有邮件，如图 6.3-18 所示。

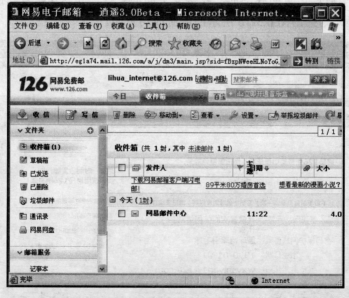

图 6.3-18　显示收件箱中的邮件

（2）发送邮件

发送邮件操作步骤如下：

① 启动 IE 浏览器。在地址栏中输入 http://www.126.com，按回车后进入网易的免费邮

箱登录页面,如图 6.3-13 所示。

② 在文本框中输入申请的用户名和密码,并单击"登录"按钮。进入如图 6.3-17 所示的邮箱管理界面。

③ 在电子邮件管理界面中,若要发送邮件,单击左窗口中的"写信"按钮,在"收件人"框中输入收件人的邮件地址,在"主题"框中输入邮件的标题,在正文框中输入邮件的内容,单击"信纸"可以选择漂亮的信纸,如图 6.3-19 所示。

图 6.3-19 发送邮件

④ 如果要添加附件,则单击"主题"按钮下面的"添加附件"超级链接,弹出如图 6.3-20 所示的"选择文件"对话框。

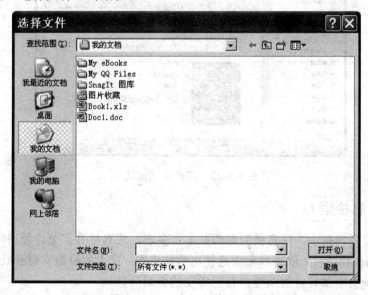

图 6.3-20 "选择文件"对话框

⑤ 选择所要发送的文件，如选择 doc1.doc，然后单击"打开"按钮，就会在"添加附件"链接的下方出现文件的名称（左侧有回形针标记），如图 6.3-21 所示（可利用相同的方法添加多个附件）。

图 6.3-21　带附件的邮件

⑥ 单击"发送"按钮，弹出如图 6.3-22 所示的邮件发送成功页面，表示邮件已经成功发送到收件人的邮箱了。

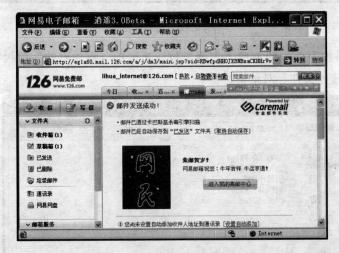

图 6.3-22　邮件发送成功

▶ 6.3.6　信息检索

在浩瀚无边的网络中，信息资源可谓是丰富多彩、应有尽有。无论使用哪种方式，只要能够与 Internet 相连接，就可以无限地使用这些资源。庞大的资源有时会让人不知所措，这时就需要用搜索引擎有目的地搜索真正需要的资源信息。

这么大的一个信息宝库，通过什么方法来查找所需要的信息呢？搜索引擎是首选。搜索引擎（Search Engineer）的意思为信息查找的发动机，它以一定的方式在 Internet 中搜集和发现信息，对信息进行理解、提取、组织和处理，并为用户提供检索服务，从而起到信息导航的目的。

搜索引擎其实也是一个网站，专门为用户提供信息"检索"服务，它使用特有的程序把 Internet 上的所有信息归类以帮助人们在浩如烟海的信息海洋中搜寻到自己需要的信息。这里以一个简单的例子来说明搜索引擎在搜索信息方面的优势：如果想看电影，可又不知道目前正在热映的有哪些影片，这时就可以打开 Google 搜索引擎（www.google.cn），在搜索文本框输入"最新电影"，然后按回车键，如图 6.3-23 所示。

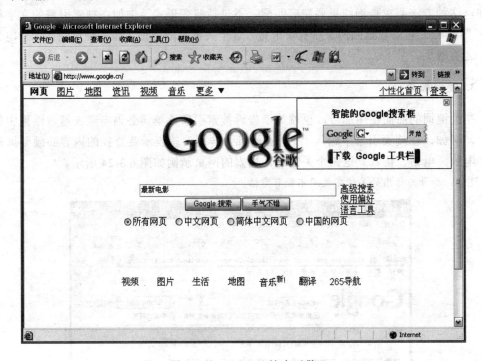

图 6.3-23　Google 搜索引擎

此时"Google"会立刻搜索出网上所有有关最新电影资讯的网站，只要单击搜索结果的网站即可进入网站浏览，从而找到自己需要的最新电影信息。

常见的中文搜索引擎有以下几种：

中文谷歌：www.google.cn。

百度：www.baidu.cn。

中文雅虎：www.yahoo.com.cn。

搜狐：www.sohu.com。

搜搜：www.soso.com。

有道：www.yodao.com。

搜索引擎一般是通过搜索关键词来完成自己的搜索过程，即填入一些简单的关键词来查找包含此关键词的文章或网址。这是使用搜索引擎最简单的查询方法，但返回结果并不是每次都令人满意的。如果想要得到最佳的搜索效果，就要使用搜索的基本语法来组织要搜索的条件。

1. 简单查询

在搜索引擎中输入关键词，然后单击"搜索"就行了，系统很快会返回查询结果，这是最简单的查询方法，使用方便，但是查询的结果却不准确，可能包含着许多无用的信息。

2. 使用双引号

给要查询的关键词加上双引号（半角，以下要加的其他符号同此），可以实现精确的查询，这种方法要求查询结果要精确匹配，不包括演变形式。例如在搜索引擎的文字框中输入"电传"，它就会返回网页中有"电传"这个关键字的网址，而不会返回诸如"电话传真"之类网页。

3. 使用加号

在关键词的前面使用加号，也就等于告诉搜索引擎该单词必须出现在搜索结果中的网页上，例如，在搜索引擎中输入"+电脑+电话+传真"就表示要查找的内容必须要同时包含"电脑、电话、传真"这三个关键词，检索的网页示例如图 6.3-24 所示。

注意：加号与作用的关键字之间不能有空格。

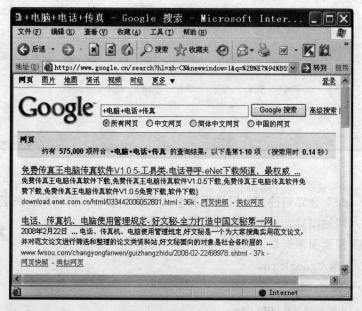

图 6.3-24　在 Google 搜索引擎中使用加号检索的网页示例

4. 使用减号

在关键词的前面使用减号，也就意味着在查询结果中不能出现该关键词。例如，在搜索引擎中输入"电视台－中央电视台"，它就表示最后的查询结果中一定不包含"中央电视台"。

注意：减号与作用的关键字之间不能有空格。

5. 使用通配符（*和?）

通配符包括"*"（星号）和"?"（问号），前者表示匹配的数量不受限制，后者表示匹配的字符数要受到限制，主要用在英文搜索引擎中。例如输入"computer*"，就可以找到"computer、computers、computerised、computerized"等单词，而输入"comp?ter"，则只能找到"computer、compater、competer"等单词。

6. 使用布尔检索

所谓布尔检索，是指通过标准的布尔逻辑关系来表达关键词与关键词之间逻辑关系的一种查询方法，这种查询方法允许我们输入多个关键词，各个关键词之间的关系可以用逻辑关系词来表示。

（1）And

称为逻辑"与"，它表示所连接的两个词必须同时出现在查询结果中。例如，输入"computer and book"，检索的网页示例如图 6.3-25 所示，它要求查询结果中必须同时包含 computer 和 book。

图 6.3-25　在 Google 搜索引擎中使用"and"检索的网页示例

（2）Or

称为逻辑"或"，它表示所连接的两个关键词中任意一个出现在查询结果中就可以。例如，输入"computer or book"，就要求查询结果中可以只有 computer，或只有 book，或同时包含 computer 和 book。

（3）Not

称为逻辑"非"，它表示所连接的两个关键词中应从第一个关键词概念中排除第二个关键词，例如输入"automobile not car"，就要求查询的结果中包含 automobile（汽车），但同时不能包含 car（小汽车）。

在实际的使用过程中，你可以将各种逻辑关系综合运用，灵活搭配，以便进行更加复杂的查询。

▶ 6.3.7　QQ 软件的使用

QQ 又称网络寻呼机，是一种基于 Internet 的即时通信软件。QQ 的功能比较完善，用户可以使用它与好友进行在线交流。此外，QQ 还具有聊天室、传输文件、网络硬盘、QQ 邮箱、手机短信息服务等功能。到目前为止，拥有过亿用户的 QQ 已经成为国内网络上最常用的即时通信软件。

1. 下载并安装软件

利用 QQ 软件进行聊天和即时通信，必须将其下载并安装在用户的计算机中，下载和安装的具体步骤如下：

① 在 IE 浏览器中输入 http://im.qq.com，进入 QQ 软件的下载页面。在其中选择最新版本的软件进行下载，如图 6.3-26 所示。

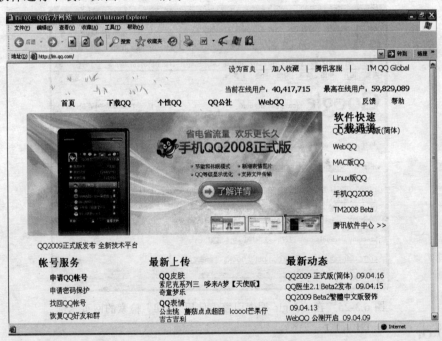

图 6.3-26　QQ 软件的下载页面

② 运行下载的 QQ 软件安装程序，利用安装向导进行安装，这里不再详述。

2. 申请免费 QQ 号码

安装好 QQ 软件后，在桌面上双击 QQ 软件运行图标，弹出如图 6.3-27 所示的 QQ 登录界面，单击"申请账号"按钮，进入注册向导界面，然后按照提示填写相关信息并提交，系统会自动为用户分配一个 QQ 号，记下 QQ 号和密码，就可以登录 QQ 了。

图 6.3-27　QQ 登录界面

3. 查找并添加 QQ 好友

新号码首次登录 QQ 后，好友名单是空的，要和其他人联系，必须先添加好友。成功查找并添加好友后，就可以体验 QQ 的功能了。具体操作步骤如下：

① 在图 6.3-28 所示的 QQ 操作面板上单击"查找"按钮，弹出如图 6.3-29 所示的"QQ2008 查找/添加好友"对话框。

图 6.3-28　QQ 操作面板

图 6.3-29　"QQ2008 查找/添加好友"对话框

② 选中"精确查找"，在"对方账号"右边的文本框中输入好友的 QQ 号，然后单击"查找"按钮。

③ 选择要添加的好友并单击"加为好友"按钮（如图 6.3-30 所示），对设置了身份验证的好友输入验证信息。若对方通过验证，则添加好友成功。

4. 用 QQ 收发信息

当你拥有好友后，就可以与好友以收发信息的方式进行交流了。收发信息包括发送信息和接收信息。具体操作步骤如下：

① 双击桌面上的"腾讯 QQ"图标，弹出如图 6.3-27 所示的 QQ 登录界面，输入 QQ 号码和密码，单击"登录"按钮。

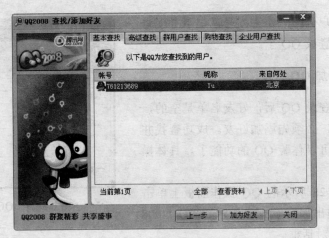

图 6.3-30　添加好友

② 在 QQ2008 操作面板上双击好友的头像，打开如图 6.3-31 所示的聊天窗口。

③ 在聊天窗口的下方输入文字后，单击"发送"按钮，将信息发送出去。

④ 当好友收到信息后，会回复信息。你收到信息后，好友的头像会在任务栏和"我的好友"组中不断闪烁，并有声音提示。查看聊天窗口上方，也会显示好友的回复信息。

5. 用 QQ 发送文件

用 QQ 发送文件具体操作步骤如下：

① 在好友的头像上单击鼠标右键，弹出如图 6.3-32 所示的快捷菜单，选择"发送文件"，在弹出的对话框中选择要传送的文件并双击。或直接将要传送的文件拖动至聊天编辑窗格中。

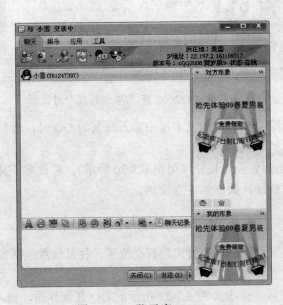

图 6.3-31　聊天窗口

图 6.3-32　"发送文件"菜单

② 在聊天室的发送文件任务窗格中，可以看到文件的进度条，显示已发送文件和总文件的大小，以及文件的传送速度。

③ 传送完毕后，系统会给出一个提示。

习　题

一、填空题

1. 计算机网络是_____技术与_____技术密切组合的产物。

2. 计算机网络的四个功能是_____、_____、_____和_____。

3. 按照网络覆盖的地理范围，可将计算机网络分为：_____、_____和_____。

4. TCP/IP 是 Internet 中使用的标准协议，其中，TCP 表示_____协议，IP 表示网际协议。

5. IP 地址用于唯一地标识网络中的计算机主机。在 Internet 中，IP 地址由_____位二进制数组成，为书写方便，将其分成_____个组，组与组之间用“.”隔开。IP 地址被分为两个部分，即_____号和_____号，_____号就像电话的区号，标明主机所在的子网；_____号则用于在子网内部区分具体的主机。

6. OSI 参考模型的基本结构分为七层，最低层是_____，最高层是_____。

7. 接收到带有回形针标记的电子邮件，表示该邮件带有_____。

8. 局域网常用的拓扑结构有_____、_____、_____、_____四种。

9. 常用的 IP 地址有 A、B、C 三类，128.11.3.31 是一个_____类地址。

10. Internet 上的网络地址有两种表示形式：_____和_____。

二、选择题

1. 计算机网络的目标是实现（　　）。
　（A）实时控制　　　　　　　　　（B）提高计算速度
　（C）便于管理　　　　　　　　　（D）数据通信、资源共享

2. 一座大楼内各室中的微机进行联网，这个网络属于（　　）。
　（A）WAN　　　（B）LAN　　　（C）MAN　　　（D）GAN

3. 下列 IP 地址中合法的是（　　）。
　（A）202.201.18.20　　　　　　（B）202.256.18.20
　（C）202.201.270.20　　　　　　（D）202_201_18_20

4. 下列（　　）是教育机构的域名。
　（A）edu　　　（B）www　　　（C）gov　　　（D）com

5. 互联网络上的服务都是基于一种协议，WWW 服务基于（　　）协议。
　（A）SMTP　　　（B）HTTP　　　（C）SNMP　　　（D）TELNET

6. 英特网的英文名是（　　）。
　（A）Internet　　　（B）Intranet　　　（C）Inneter　　　（D）Extranet

7. 互联网采用的主要协议是（　　）。
　（A）IPX/SPX　　　（B）TCP/IP　　　（C）FTP　　　（D）HTTP

8. 电子邮件地址的一般格式为（　　）。

（A）用户名@主机域名　　　　　　　（B）主机域名@用户名

（C）用户名.主机域名　　　　　　　　（D）主机域名.用户名址

9. 域名系统 DNS 的作用是（　　）。

（A）存放主机名　　　　　　　　　　（B）存放 IP 地址

（C）存放邮件服务器地址　　　　　　（D）将域名转换成 IP 地址

10. 在 Internet 上，可以将一台计算机作为另一台主机的远程终端，从而使用该主机资源，该项服务称为（　　）。

（A）FTP　　　　　　　　　　　　　（B）Telnet

（C）Gopper　　　　　　　　　　　　（D）BBS

11. 域名 nwnu.edu.cn 中的 cn 代表（　　）。

（A）中国　　　　（B）加拿大　　　　（C）连接　　　　（D）命令

12. 当电子邮件到达时，若收件人没有开机，该邮件将（　　）。

（A）自动退回发件人　　　　　　　　（B）开机时对方重新发送

（C）保存在 E-mail 服务器上　　　　　（D）该邮件丢失

13. 超文本的含义是（　　）。

（A）该文本包含有图像　　　　　　　（B）该文本中包含有声音

（C）该文本中包含有二进制字符　　　（D）该文本有链接到其他文本的链接点

14. 在浏览网页的过程中，为了方便以后多次访问某一个网页，可以将这个网页（　　）中。

（A）建立地址簿　　　　　　　　　　（B）建立浏览历表

（C）记录到笔记本上　　　　　　　　（D）放到收藏夹中

15. 电子邮件是一种（　　）。

（A）网络信息检索服务

（B）通过 Web 网页发布的公告信息

（C）通过网络实时交互的信息传递方式

（D）利用网络交换信息的非交互式服务

三、回答题

1. 什么是计算机网络？计算机网络有哪些功能？

2. 常见局域网的拓扑结构有哪几种？各有什么优缺点？

3. Internet 特点是什么？

4. 在 Internet 上用户如何查找自己所需的信息？

第7章 常用工具软件

本章主要介绍常用的压缩和解压缩软件 WinRAR，下载软件腾讯超级旋风，翻译软件谷歌金山词霸，瑞星杀毒软件等工具软件。

> **学习目标**
> - 掌握压缩和解压缩软件 WinRAR 的使用
> - 了解常用的下载软件，学会使用腾讯超级旋风下载软件
> - 学会使用翻译软件谷歌金山词霸
> - 了解常用的杀毒软件，学会使用瑞星杀毒软件

7.1 压缩和解压缩软件 WinRAR3.8

7.1.1 WinRAR3.8 软件介绍

WinRAR 是强大的压缩文件管理器。它提供了 RAR 和 ZIP 文件的完整支持，能解压 ARJ、CAB、LZH、ACE、TAR、GZ、UUE、BZ2、JAR、ISO 等格式文件。WinRAR 的功能包括强力压缩、分卷、加密、自解压模块等。用户可以在 http://www.winrar.com.cn 网站上下载该软件的最新版本。

7.1.2 WinRAR3.8 的使用

WinRAR3.8 的操作界面如图 7.1-1 所示。

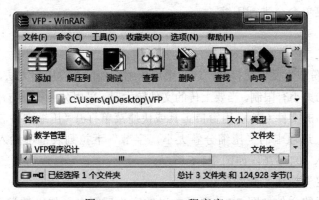

图 7.1-1　WinRAR 程序窗口

1. 压缩文件

（1）利用 WinRAR 窗口工具压缩

① 双击桌面上 WinRAR 图标或在"开始"菜单中打开 WinRAR。

② 单击右侧滚动条上方的下拉箭头，选择需要压缩的文件（夹）所在的路径，如图 7.1-2 所示。

③ 在相应的路径下选中需压缩的文件（夹），如图 7.1-3 所示。

图 7.1-2　WinRAR 程序窗口　　图 7.1-3　选择需压缩文件（夹）

④ 单击"添加"按钮，或选择"命令/添加文件到压缩文件中"菜单命令。打开如图 7.1-4 所示的"压缩文件名和参数"对话框。

⑤ 在"常规"选项卡中，单击"浏览"按钮选择目标磁盘和文件夹，输入目标压缩文件名，若不输入，WinRAR 会自动按源文件名生成压缩文件名。

⑥ 单击"确定"按钮，进行压缩，生成一个扩展名为.rar 的压缩文件，图标为 　。

（2）利用 WinRAR 快捷菜单压缩

① 右键单击要压缩的文件（夹）名称，打开快捷菜单，如图 7.1-5 所示。

② 选择相应菜单命令进行压缩。

2. 分卷压缩

在进行数据备份或大文件交换时，通常采用压缩软件的分卷压缩方法，如论坛里上传的附件，对上传文件的大小有限制。当要上传的文件较大时，采用分卷压缩方法。具体操作如下：

① 选择要压缩的文件（夹），用窗口工具或快捷菜单打开"压缩文件名和参数"对话框。

② 在"常规"选项卡的"压缩分卷大小，字节"下拉列表框中输入字节数，如分卷大小为 1M，则输入 1048576，如图 7.1-6 所示。

③ 单击"确定"按钮，开始分卷压缩。

④ 分卷压缩后的文件如图 7.1-7 所示，以数字为后缀名，如"教学资料.part01.rar"。

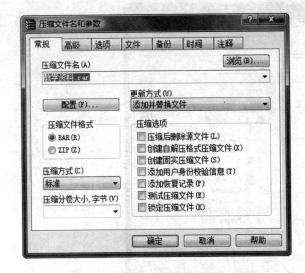

图 7.1-4 "压缩文件名和参数"对话框

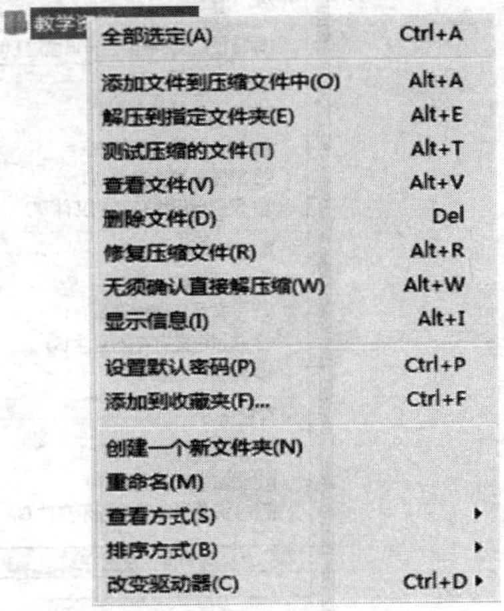

图 7.1-5 用快捷菜单压缩文件（夹）

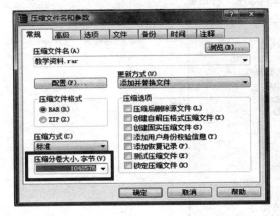

图 7.1-6 分卷压缩文件（夹）

图 7.1-7 分卷压缩后的文件

⑤ 解压时，双击后缀名中数字最小的压缩包，如"教学资料.part01.rar"，WinRAR 自动解压出所有分卷包中内容，合并成一个。

3. 解压缩文件（夹）

① 双击要解压的文件（夹），WinRAR 进入压缩文件内部，界面如图 7.1-8 所示。单击解压窗口中的"解压到"按钮，弹出"解压路径和选项"对话框，选择保存位置即可，如图 7.1-9 所示

② 右键单击需解压缩的文件，打开快捷菜单，如图 7.1-10 所示。或选择快捷菜单中的相应菜单命令，进行文件（夹）的解压缩。

图 7.1-8 解压文件窗口

图 7.1-9 "解压路径和选项"对话框

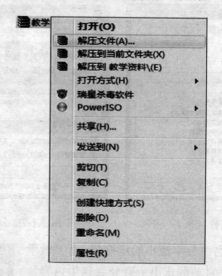

图 7.1-10 解压缩快捷菜单

4. 创建自解压文件

自解压文件就是不需要压缩软件的支持可以解压的压缩文件。

① 在"压缩文件名和参数"对话框中，勾选"创建自解压格式压缩文件"，如图 7.1-11 所示。

② 单击"确定"按钮，开始压缩。

③ 压缩后生成扩展名为 .exe 的自解压文件，图标如 ▓ 所示。

5. 分卷自解压文件

创建分卷自解压文件的操作如下：

① 在"压缩文件名和参数"对话框中，勾选"创建分卷自解压格式压缩文件"，如图 7.1-12 所示。

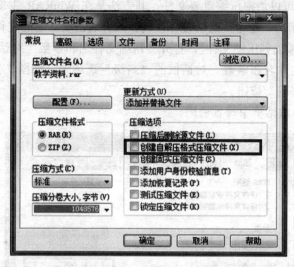

图 7.1-11　创建自解压格式压缩文件

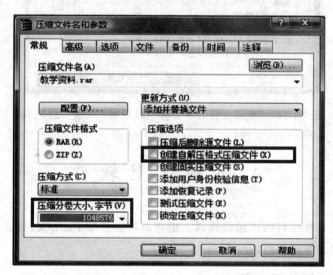

图 7.1-12　创建分卷自解压格式压缩文件

② 在"压缩分卷大小，字节"下拉列表框中输入字节数。

③ 单击"确定"按钮，开始压缩。

④ 压缩生成的第一个文件名为 *.part01.exe，第二个文档扩展名为 *.part02.rar，第三个为 *.part03.rar，依此类推，如图 7.1-13 所示。复原时，执行 *.part01.exe 文件，可完成解压。

教学资料.part01　教学资料.part02　教学资料.part03

图 7.1-13　生成的分卷自解压文件

6. 加密压缩文件

使用 WinRAR，可以加密压缩重要文件：其方法是在 WinRAR 主窗口中选择"文件"菜单下的"设置默认密码"命令，然后设置密码；或者右击要压缩的文件或文件夹，从弹出的快捷菜单中选择"添加到压缩文件"，打开"压缩文件名和参数"对话框进行设置。

① 选择"压缩文件名和参数"对话框的"高级"选项卡，如图 7.1-14 所示。

② 单击"设置密码"按钮。

③ 在打开的密码对话框中设置密码。

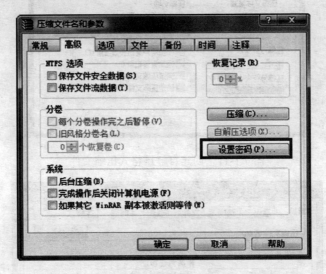

图 7.1-14 "压缩文件名和参数"对话框"高级"选项卡

7.2 下 载 工 具 软 件

常见的下载工具软件有腾讯超级旋风、迅雷、网际快车 FlashGet 等。本节主要介绍腾讯超级旋风 2 下载软件的使用。

▶ 7.2.1 腾讯超级旋风 2 简介

超级旋风 2 是腾讯公司 2008 年底推出的新一代互联网下载工具。它支持多个任务同时下载，每个任务使用多地址下载、多线程、断点续传，下载速度快，占用内存少，无广告，无插件。进入旋风官方网站 http://xf.qq.com，可以免费下载腾讯超级旋风的最新版本。

▶ 7.2.2 腾讯超级旋风 2 的使用

1. 系统设置

安装超级旋风后，从"开始"菜单或桌面启动程序，进入超级旋风主窗口，如图 7.2-1 所示。

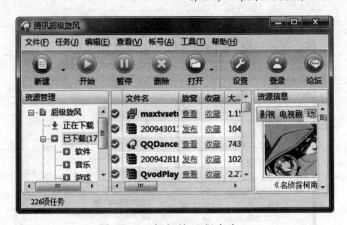

图 7.2-1 超级旋风程序窗口

① 选择"设置"工具按钮或选择"工具"菜单下的"设置…"命令，进入设置窗口，如图 7.2-2 所示。

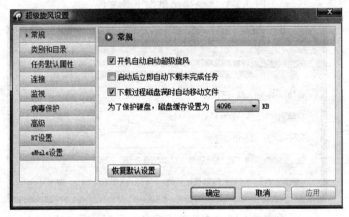

图 7.2-2 "超级旋风设置"对话框

② 其中有常规、类别与目录、任务默认属性、连接、监视、病毒保护等九个设置选项卡，可进行超级旋风系统设置。

2. 文件下载

使用超级旋风下载的步骤如下：

① 在 Internet Explorer 浏览器中右键单击待下载的文件，打开快捷菜单，如图 7.2-3 所示。
② 选择"使用超级旋风下载"，打开"建立新的下载任务"对话框，如图 7.2-4 所示。
③ 在图 7.2-4 所示的对话框中选择下载保存路径，单击"确定"按钮。

3. 使用"新建批量任务"进行下载

使用批量下载的功能可以方便地创建多个包含共同特征的下载任务。例如有 6 个这样的文件地址，http://xf.qq.com/file1.zip、……、http://xf.qq.com/file6.zip，只有数字部分不同，可以用（*）表示不同部分，如 http://xf.qq.com/file(*).zip，其中通配符"*"代表 1～6 的数字。新建批量任务的方法如下：

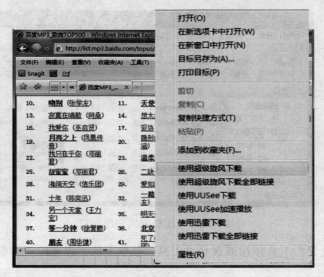

图 7.2-3 "快捷菜单"下载文件

图 7.2-4 "建立新的下载任务"对话框

① 在图 7.2-5 所示窗口中选择"文件/新建批量任务"菜单命令，弹出如图 7.2-6 所示的"添加成批任务"对话框。

图 7.2-5 新建批量任务

② 在"添加成批任务"对话框中输入 URL，例如输入 http://xf.qq.com/file(*).zip 即可，如图 7.2-6 所示。

③ 单击"确定"按钮。

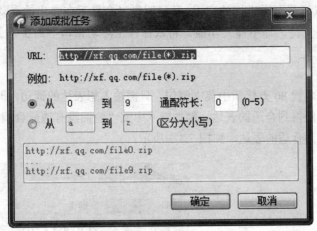

图 7.2-6 "添加成批任务"对话框

7.3 翻译软件谷歌金山词霸

▶ 7.3.1 谷歌金山词霸软件介绍

《谷歌金山词霸合作版》是金山与谷歌面向互联网翻译市场联合开发，适用于个人用户的免费翻译软件。软件含部分本地词库，仅 23M，轻巧易用；该版本继承了金山词霸的取词、查词和查句等经典功能，并新增全文翻译、网页翻译和覆盖新词、流行词查询的网络词典；支持中、日、英三语查询，并收录 30 万单词纯正真人发音，含 5 万长词、难词发音。

▶ 7.3.2 谷歌金山词霸软件使用

1. 谷歌金山词霸主界面

启动《谷歌金山词霸合作版》，可看到软件的主界面窗口，如图 7.3-1 所示。包括词典、例句、翻译三个功能选项卡。

2. 词典

词典功能具有智能索引、查词条、查词组、

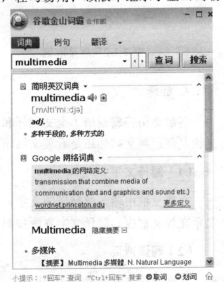

图 7.3-1 词典选项卡

模糊查词、变形识别、拼写近似词、相关词扩展等应用。

智能索引能跟随查词输入，同步在索引词典中搜寻最匹配的词条，辅以简明解释，最快找到想要的查词输入，自动补全。

屏幕取词将鼠标移至需查询的词上，其简明释义会显示在弹出的浮动窗口中，如图 7.3-2 所示。屏幕取词还支持"译中译"功能，将鼠标移至浮动窗口中的生词上，可二次取词。

3. 例句

谷歌金山词霸内置 80 万优质中英文例句，只需输入想表达的词句，即可找到一系列匹配例句，稍作修改就能得到合适的表达。例如输入中文"他们没有透露会谈的性质"，点击"查句"按钮，就可得到合适的表达，如图 7.3-3 所示。

图 7.3-2 屏幕取词

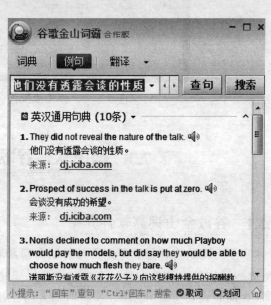

图 7.3-3 例句选项卡

4. 翻译

谷歌金山词霸新增了全文翻译和网页翻译功能，含七个语言方向，可按需要进行翻译，无论是阅读英文邮件还是看英文网站，都能辅助快速理解。

（1）翻译文字

在原文框中输入要翻译的文字，选择翻译语言方向，点击"翻译"按钮，稍后译文会显示在译文框内。翻译文字界面如图 7.3-4 所示。

（2）翻译网页

在网址框中输入要翻译的网页，选择翻译语言方向，点击"翻译"按钮，会打开此网页（网页中的文字已被翻译）。翻译网页界面如图 7.3-5 所示。

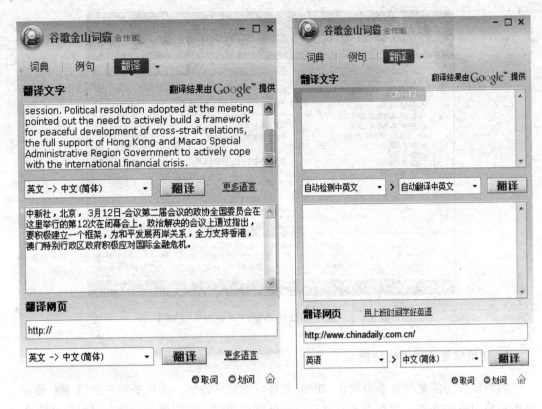

图 7.3-4 翻译文字界面   图 7.3-5 翻译网页界面

7.4 瑞星杀毒软件

常用杀毒软件有瑞星杀毒软件 2009、江民 KV2009、金山毒霸 2009、卡巴斯基、诺顿、熊猫卫士等。本节主要介绍瑞星杀毒软件 2009。

▶ 7.4.1 瑞星杀毒防毒产品简介

瑞星产品包括针对个人和家庭用户的瑞星全功能安全软件 2009、瑞星杀毒软件 2009、瑞星个人防火墙 2009、瑞星免费在线查毒、瑞星付费在线杀毒和针对企业的瑞星杀毒软件网络版 2008 和瑞星硬件防毒墙等，可以到瑞星主页 http://www.rising.com.cn 上在线购买和升级。

▶ 7.4.2 瑞星杀毒软件 2009 的使用

1. 查杀病毒

选择"开始/所有程序/瑞星杀毒软件"菜单命令或双击桌面"瑞星杀毒软件" █ 图标，启动瑞星杀毒软件。在"杀毒"选项卡中选择查杀目标，单击"开始查杀"按钮即可，如图 7.4-1 所示。

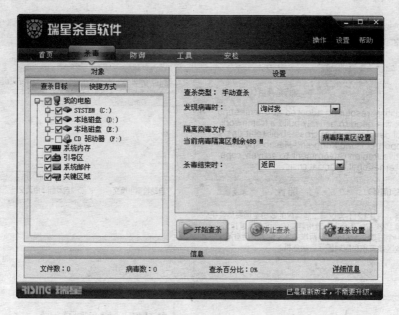

图 7.4-1 瑞星杀毒软件窗口"杀毒"选项卡

2. 使用病毒实时监控功能

病毒监控功能是瑞星杀毒软件 2009 安装后的默认设置，在任务栏中出现 🔫 图标。如用户使用外来文件、收发电子邮件、访问网络资源时，实时监控程序一旦发现病毒会立即提示并清除或给出警告要求用户处理。

瑞星默认设置是启动实时监控功能，如想禁止，可在瑞星杀毒软件窗口中选择"防御"选项卡中的"实时监控"项的"设置"或"关闭"按钮，重新设置或关闭，如图 7.4-2 所示。

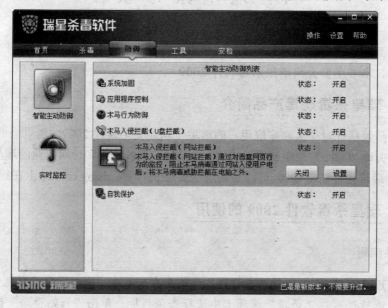

图 7.4-2 瑞星杀毒软件窗口"防御"选项卡